T0128230

essentials

essentials liefern aktuelles Wissen in konzentrierter Form. Die Essenz dessen, worauf es als „State-of-the-Art" in der gegenwärtigen Fachdiskussion oder in der Praxis ankommt. *essentials* informieren schnell, unkompliziert und verständlich

- als Einführung in ein aktuelles Thema aus Ihrem Fachgebiet
- als Einstieg in ein für Sie noch unbekanntes Themenfeld
- als Einblick, um zum Thema mitreden zu können

Die Bücher in elektronischer und gedruckter Form bringen das Expertenwissen von Springer-Fachautoren kompakt zur Darstellung. Sie sind besonders für die Nutzung als eBook auf Tablet-PCs, eBook-Readern und Smartphones geeignet. *essentials:* Wissensbausteine aus den Wirtschafts, Sozial- und Geisteswissenschaften, aus Technik und Naturwissenschaften sowie aus Medizin, Psychologie und Gesundheitsberufen. Von renommierten Autoren aller Springer-Verlagsmarken.

Weitere Bände in der Reihe http://www.springer.com/series/13088

Paul Naefe

Konstruktionsmethodik

Kurz und bündig

Paul Naefe
Aachen, Deutschland

Abbildungen aus VDI-Richtlinien wiedergegeben mit Erlaubnis des Verein Deutscher
Ingenieure e. V

ISSN 2197-6708   ISSN 2197-6716   (electronic)
essentials
ISBN 978-3-658-24553-5   ISBN 978-3-658-24554-2   (eBook)
https://doi.org/10.1007/978-3-658-24554-2

Die Deutsche Nationalbibliothek verzeichnet diese Publikation in der Deutschen Nationalbiblio-
grafie; detaillierte bibliografische Daten sind im Internet über http://dnb.d-nb.de abrufbar.

Springer Vieweg ist ein Imprint der eingetragenen Gesellschaft Springer Fachmedien Wiesbaden
GmbH und ist ein Teil von Springer Nature
Die Anschrift der Gesellschaft ist: Abraham-Lincoln-Str. 46, 65189 Wiesbaden, Germany

Was Sie in diesem *essential* finden können

- Eine kurze Beschreibung der Vorgehensweise beim Konstruieren nach VDI-Richtlinie 2221.
- Wie eine Konstruktionsaufgabe definiert und präzisiert wird.
- Welche funktionalen Strukturen für ein technisches Produkt erforderlich sind und wie sie in die Praxis umgesetzt werden können.
- Wie die Gestaltung der Komponenten und des gesamten Produkts erfolgen kann.
- Welche schriftlichen Unterlagen und Zeichnungen für die Fertigung und Nutzung eines Produkts notwendig sind.

Inhaltsverzeichnis

Einleitung 1

Das Arbeitsgebiet der Ingenieurinnen und Ingenieure erstreckt sich auf nahezu alle Bereiche des täglichen Lebens. Dabei geht es um die Konstruktion und Entwicklung von technischen Erzeugnissen z. B. des Maschinenbaus, der Elektrotechnik, Elektronik, Software oder des Bauwesens.

Kurz zusammengefasst besteht die Aufgabe des/der Ingenieurs/in darin:

> Für technische Probleme Lösungen auf der Basis naturwissenschaftlicher Erkenntnisse zu finden (Pahl und Beitz 2007).

Dabei ist er/sie nicht nur als einzelne Person gefordert, sondern auch als Mitglied in einem Team und zwar nicht nur in seinem/ihrem Fachgebiet, sondern interdisziplinär. Da die vorstehende Schreibweise, die beide Geschlechter berücksichtigt, schwer lesbar ist, wird in den folgenden Kapiteln nur die männliche Form der Anrede verwendet. Das erscheint vertretbar, weil im Maschinenbau bis heute über 90 % der Ingenieure männlichen Geschlechts sind.

Die ersten Ideen, welche Grundsätze dabei helfen, erfolgreich zu konstruieren, entstanden in der Mitte des 19. Jahrhunderts. Damals stellte Redtenbacher (1852) Prinzipien auf, die bis heute nichts von ihrer Bedeutung verloren haben, z. B.:

- hinreichende Stärke
- kleine Verformung
- geringe Abnutzung
- geringer Materialaufwand.

Aus diesen Anfängen wurde inzwischen eine sogenannte Methodenlehre entwickelt, deren Ziel es ist, das methodische Konstruieren produktneutral und allgemeingültig zu lehren und zu lernen.

© Springer Fachmedien Wiesbaden GmbH, ein Teil von Springer Nature 2019
P. Naefe, *Konstruktionsmethodik,* essentials,
https://doi.org/10.1007/978-3-658-24554-2_1

Außer in der Methodenlehre, findet der Konstrukteur auch noch Unterstützung in den einschlägigen Normen und Richtlinien. Sie werden vom Deutschen Institut für Normung (DIN) und dem Verein Deutscher Ingenieure (VDI) zur Verfügung gestellt. Die VDI-Richtlinien beschreiben in kurzen Zusammenfassungen die in den einschlägigen Lehrbüchern ausführlich dargestellten methodischen und/oder technischen Hilfen. Die wichtigsten Gründe, warum ein Konstrukteur tätig wird, sind z. B.:

- Verbesserung der Funktionen eines technischen Erzeugnisses
- Minimierung der Herstell- und Gebrauchskosten
- Vollständige Ausnutzung der Werkstoffeigenschaften
- Verminderung des Gewichts

Die Anwendung von methodischen Hilfen ist dabei keineswegs zwingend vorgeschrieben, sie sind aber, je nach Umfang und Art der Konstruktionstätigkeit, fast immer von großem Nutzen.

Aus den zur Verfügung stehenden Lehrbüchern zum Thema Konstruktionsmethodik (z. B.: Conrad, Ehrlenspiel, Lindemann und Pahl/Beitz), können die theoretischen Grundlagen mehr oder weniger ausführlich entnommen werden.

In der wichtigen VDI Richtlinie 2221 ist eine Empfehlung enthalten, wie der Arbeitsfluss beim Konstruieren aussehen sollte (s. Abb. 1.1).

Die Vorgehensweise ist in sieben Arbeitsschritte und vier Phasen gegliedert. Innerhalb der Phasen sind die folgenden Tätigkeiten vorgesehen:

Phase I: **Planen,** Klären und Präzisieren der Aufgabenstellung
Phase II: **Konzipieren** des Produkts durch prinzipielle Festlegungen
Phase III: **Entwerfen,** gestalterische Festlegung der angestrebten Lösung
Phase IV: **Ausarbeiten,** Erstellung der gesamten Unterlagen für Fertigung und
              Betrieb

Es ist in der Abbildung erkennbar, dass die Phasen überschneidende Bereiche haben. Die beiden senkrechten Balken rechts und links sollen verdeutlichen, dass die Arbeitsschritte durch schleifenförmiges Vorgehen (Iteration) miteinander verbunden werden können.

Die Inhalte der einzelnen Arbeitsschritte sind:

1. **Klären und Präzisieren der Aufgabenstellung** – dient dazu, alle Zusammenhänge, die mit der Aufgabe in Verbindung stehen deutlich zu machen. Es geht darum, alle Informationen zu beschaffen, die notwendig sind, um die sogenannte Anforderungsliste zu erstellen.

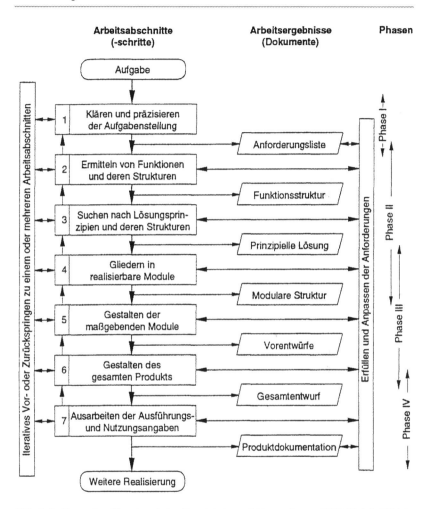

Abb. 1.1 Generelles Vorgehen beim Entwickeln und Konstruieren. (VDI-Richtl. 2221 in der Version von 1993)

2. **Ermitteln von Funktionen und deren Strukturen** – der Konstrukteur erarbeitet sich eine Vorstellung davon, wie und mit welchen (physikalisch/technischen) Mitteln die geforderte Gesamtfunktion prinzipiell erfüllt werden kann. Gegebenenfalls erfolgt eine Gliederung in Teil- und/oder Einzelfunktionen und es entsteht eine Funktionenstruktur.

3. **Suchen nach Lösungsprinzipien und deren Strukturen** – es werden für die ermittelten Funktionen Möglichkeiten zu ihrer technischen Realisierung gesucht. Dabei können bereits bekannte Wirkmechanismen verwendet, oder neue entwickelt werden. Es entsteht das Konzept des Produkts, gegebenenfalls mithilfe eines Bewertungsverfahrens.

4. **Gliedern in realisierbare Module** – meist mithilfe von Skizzen wird das Konzept, bestehend aus realisierbaren Komponenten, entwickelt. Es entsteht eine modulare Struktur des Produkts.

5. **Gestalten der maßgebenden Module** – zur Realisierung der vorläufig gestalteten Strukturen werden Einzelteile ermittelt oder entwickelt. In diesem Arbeitsschritt kommt es sehr häufig zu einem iterativen Vorgehen.

6. **Gestalten des gesamten Produkts** – es wird die gesamte Struktur des Produkts festgelegt. Das erfolgt oft, nachdem mithilfe eines Bewertungsverfahrens der beste Vorentwurf objektiv ermittelt wurde. Es folgt die Erstellung des endgültigen Entwurfs in allen Einzelheiten.

7. **Ausarbeitung der Ausführungs- und Nutzungsangaben** – es werden alle für die Fertigung des Produkts erforderlichen Unterlagen erstellt. Die endgültige Festlegung aller Maße, Toleranzen, Leistungsdaten und die Formulierung der Sicherheitshinweise und Betriebsanleitungen erfolgt.

Planen 2

Die Lebensdauer eines technischen Erzeugnisses (Produkt) ist grundsätzlich begrenzt. Die Unternehmensleitung muss also rechtzeitig Aktivitäten veranlassen, die für die Planung und Entwicklung eines Nachfolgeprodukts Sorge tragen. Der Begriff „Planung" kommt damit aber zweimal vor. Er wurde bereits im ersten Kapitel im Zusammenhang mit den Arbeitsschritten der VDI-Richtlinie 2221 als Bezeichnung für die erste Phase verwendet. Im Zusammenhang mit der Lebensdauer eines Produkts, die auch Lebenszyklus genannt wird, ist damit aber der Vorgang der „Produktplanung" gemeint, unter dem die Aspekte: Marketing und Know-how des Unternehmens, Produktfindung, Produktrealisierung und Produktbetreuung zusammengefasst werden (s. a. Naefe und Luderich 2016 und VDI-Richtlinie 2220).

2.1 Der Produktlebenszyklus

Aus den organisatorischen Zusammenhängen, in die die Konstruktion gestellt ist, kann man die Komplexität der sachlichen Verknüpfungen erkennen und daraus die Notwendigkeit ableiten, dass nur eine enge Zusammenarbeit zwischen der Konstruktionsabteilung und allen anderen an der Produktentstehung beteiligten Bereichen des Unternehmens zum Erfolg führen kann. Im Lebenszyklus eines Produkts (s. Abb. 2.1), wie er sich von der Entstehung des Marktbedürfnisses bis zur Entsorgung darstellt, ist zu erkennen, dass die Konstruktion in direktem Wege eingebunden ist. Es lässt sich aus dieser Darstellung die grundsätzliche Erkenntnis ableiten, dass der Konstrukteur nur erfolgreich sein kann, wenn das von ihm entwickelte Produkt den Bedürfnissen des Marktes einerseits und denen der ökologischen Entsorgung andererseits genügt. Die zahlreichen, durch Pfeile

© Springer Fachmedien Wiesbaden GmbH, ein Teil von Springer Nature 2019
P. Naefe, *Konstruktionsmethodik*, essentials,
https://doi.org/10.1007/978-3-658-24554-2_2

Abb. 2.1 Lebenszyklus
eines Produktes. (Pahl und
Beitz 2007)

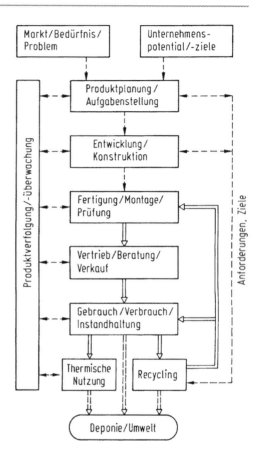

dargestellten Querverbindungen und Rückkopplungen, sollen deutlich machen, dass zwischen allen Einzelaktivitäten auch ein intensiver Informationsaustausch stattfinden muss.

Es ist aber nicht ausreichend, den Lebenszyklus eines Produkts sozusagen ausschließlich sequenziell zu betrachten, weil dadurch nur ein Teilaspekt deutlich wird. Er muss zusätzlich chronologisch und aus der Sicht der Kosten, des Erlöses am Markt und des Gewinns für das Unternehmen analysiert werden.

Die verschiedenen Phasen des Lebenslaufs stellen sich dann in einer Kurve dar (s. Abb. 2.2), die zeitliche und sachliche Zusammenhänge deutlich macht und erkennen lässt, wann es notwendig wird, die Entwicklung für ein verbessertes oder ganz neues Produkt in die Wege zu leiten. Denn schon vor dem Erreichen des so genannten Break-Even-Punktes, das ist der Zeitpunkt, an dem der Erlös am Markt die Kosten für die Vorleistungen abdeckt, müssen in der Regel bereits Maßnahmen zur Weiterentwicklung des Produkts eingeleitet werden. Es ist daher wichtig, durch die aufmerksame Beobachtung des Marktgeschehens und des Wettbewerbs, die richtigen Signale zu erkennen und rechtzeitig zu handeln.

Also ist die Konstruktionstätigkeit, wenn sie erfolgreich sein soll, auch immer ein Planungsvorgang, der außerdem mit anderen Planungsvorgängen im Betriebsgeschehen und hier besonders mit dem „Marketing" in Verbindung steht. Es kommt darauf an:

- den Kunden zu kennen
- auf ihn zu hören und seine Wünsche zu verstehen
- Produkte gezielt und ohne überflüssige Eigenschaften zu entwickeln

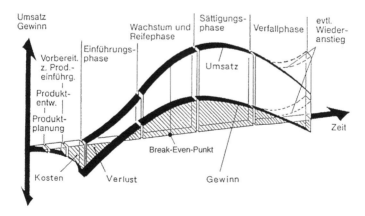

Abb. 2.2 Entwicklung von Erlösen und Kosten über der Marktlebensdauer (Lebenslauf) eines Produktes. (Pahl und Beitz 2007)

Es empfiehlt sich, daraus die folgende Vorgehensweise abzuleiten:

- Situationsanalyse (Produktlebenszyklus, Konkurrenzsituation, Stand der Technik, Ertragsprognose)
- Suchstrategie (Marktlücken, Trends, Stärken des Unternehmens)
- Produktideen suchen (neue Funktionen, Kosten-/Nutzenanalyse)
- Produktdefinition (Anforderungen an das Produkt festlegen)

Dabei können Analysemethoden, wie z. B. ABC-Analyse, Benchmarking oder Quality Funktion Deployment (QFD) sehr hilfreich sein.

2.2 Herkunft der Aufgabenstellung

Eine Konstruktionsaufgabe kann sich aus einer großen Anzahl von Gründen ergeben. Die wichtigsten sind bereits im vorstehenden Abschnitt genannt worden. Es kommen aber auch noch der Neuheitsgrad des angestrebten Produkts hinzu, die Komplexität und angestrebte Ziele (s. Kap. 1).

Wegen der unterschiedlichen Aktualität (Neuheitsgrad) des Produkts, der variierenden Voraussetzungen und Ziele, die Konstruktionsaufgabe betreffend, ist auch die Bearbeitungstiefe sehr verschieden. Es wurden deshalb entsprechende Konstruktionsarten definiert:

- Neukonstruktion
- Anpassungskonstruktion
- Variantenkonstruktion

die folgendermaßen beschrieben werden können:

Neukonstruktion
Wenn eine Aufgabenstellung, die neue Probleme aufwirft, zu einer prinzipiell neuen Lösung führen soll, spricht man von Neukonstruktion. Es kann sein, dass die Lösung durch die neue Kombination an sich bekannter Lösungsprinzipien erfolgt, oder es müssen neue Technologien, Wirkprinzipien oder Werkstoffe gefunden werden. Der Begriff der Neukonstruktion kann sich sowohl auf ein komplettes Produkt, eine Baugruppe oder einzelne Teile beziehen.

Anpassungskonstruktion

Die Anpassungskonstruktion befasst sich mit der Anpassung der Gestalt, des Werkstoffs oder der Abmessungen von bekannten Lösungsprinzipien. Dabei können einzelne Funktionsträger durchaus einer Neukonstruktion unterzogen werden. Auch veränderte Fertigungsverfahren können eine Anpassungskonstruktion erfordern.

Variantenkonstruktion

Wenn Gestalt und Werkstoff vorgegeben sind und im Wesentlichen nur noch Maße geändert werden müssen (Kundenforderungen, Baureihen), spricht man von Variantenkonstruktion. Auch bei Maschinen, die bezüglich der Beanspruchung und/oder des Durchsatzes (Pumpen) oder der Leistung (Motoren) an veränderte Anforderungen angepasst werden sollen, sind Variantenkonstruktionen erforderlich.

Für die Bewältigung einer Konstruktionsaufgabe ist es aber auch noch wichtig zu wissen, um welche Art des technischen Erzeugnisses es sich handelt. In der Konstruktionsmethodik erfolgt die Zuordnung z. B. nach den sogenannten Umsätzen und es haben sich die drei Klassifikationen ergeben:

- Maschinen (Energieumsatz)
- Apparate (Stoffumsatz)
- Geräte (Informationsumsatz)

2.3 Klären der Aufgabenstellung

Die entsprechende Vorgehensweise nach der VDI-Richtlinie 2221 wird im Folgenden erläutert. Es ist aber aus Gründen der Aktualität interessant auf zwei Aspekte vorher einzugehen:

Neue Version der VDI-Richtlinie 2221

Inzwischen liegt eine Überarbeitung der VDI-Richtlinie 2221 vor, die im März 2018 als Entwurf veröffentlicht wurde. Der in dieser Richtlinie (Blatt 1) abgebildete Arbeitsablauf unterscheidet sich von dem in Abb. 1.1 dargestellten dadurch, dass er statt sieben acht Arbeitsschritte enthält. An der vierten Position wurde ein zusätzlicher Schritt mit dem Inhalt: „Bewertung und Auswahl des Lösungskonzeptes" eingeführt. Dazu muss gesagt werden, dass es nach aller Erfahrung in Praxis und Lehre nicht sinnvoll ist, die Bewertung als isolierte

Aktivität zu betrachten. Es ist vielmehr ratsam, diese sowohl in Schritt 3 als auch in Schritt 5 oder 6 in Betracht zu ziehen. Dadurch gelingt es, die Anzahl der vorgeschlagenen Konzeptvarianten sinnvoll zu reduzieren oder bei den Modulen oder Gesamtlösungen vor Eintritt in die Ausarbeitung die beste Lösung zu identifizieren. Die Definition und Beschreibung der Phasen, die sich in Blatt 2 der neuen Richtlinie befinden, unterscheiden sich leider grundsätzlich von der alten. Darauf einzugehen ist in diesem Rahmen allerdings nicht möglich.

Der an die Konstruktionsabteilung ergehende Auftrag (Aufgabenstellung) muss in der ersten Phase „Klären und Präzisieren der Aufgabenstellung" so beschrieben werden, dass die Umsetzung im Detail erfolgen kann. Aus den im Abschnitt „Produktlebenszyklus" beschriebenen Aktivitäten kann man einen Produktvorschlag erwarten, der den folgenden Ansprüchen genügt:

* Beschreibung der beabsichtigten Funktionen und des Hauptumsatzes
* vorläufige Aufstellung der Anforderungen (möglichst lösungsneutral beschrieben)
* Wünsche zum Wirkprinzip (z. B. elektrisch, mechanisch, hydraulisch angetrieben)
* Kostenziele oder Kostenrahmen

Es ist notwendig, zuerst eine sogenannte Anforderungsliste zu erstellen, die als gemeinsame Grundlage zur Lösung der Aufgabenstellung dient und im Laufe des Arbeitsfortschrittes auch aktualisiert werden kann (bzw. muss).

Als Grundlage zur Erarbeitung dieser Anforderungsliste dienen die folgenden Fragen:

* welchem Zweck muss die Lösung dienen?
* welche Eigenschaften muss sie haben?
* welche Eigenschaften darf sie nicht haben?

Das methodische Erstellen einer Anforderungsliste sieht vor, die Anforderungen an das Produkt ihrer Bedeutung nach zu klassifizieren:

1. Forderungen (F), die unter allen Umständen erfüllt werden müssen, Nichterfüllung führt zur Nichtakzeptanz des Produktes.
2. Wünsche (W), die nach Möglichkeit erfüllt werden sollen, unter Umständen mit akzeptiertem Mehraufwand (nach Rücksprache mit dem Auftraggeber).

Eine weitere Unterteilung der Forderungen, ohne bereits bestimmte Lösungen festzulegen, erfolgt dann in:

- quantitative Forderungen, z. B. Hauptabmessungen, Menge, Losgröße für die Fertigung, Stoffdurchsatz, Geschwindigkeit usw.
- qualitative Forderungen, z. B. zulässige Abweichungen, Umgebungsbeschreibung (wassergeschützt), rauer Betrieb usw.

Die Anforderungsliste ist das interne Verzeichnis aller Forderungen und Wünsche in der Sprache des Technikers. Sie ist aber auch die bei Bedarf zu aktualisierende Verständigungsbasis mit dem Auftraggeber des Konstrukteurs, wer auch immer das ist (Kunde, Vertrieb, Marketing).

Formale Hilfsmittel für die Erstellung der Anforderungsliste, die dazu dienen sollen nichts zu vergessen, sind:

- Checklisten, in denen über längere Zeit bestehen bleibende Standardforderungen „abgehakt" werden
- Leitlinien (z. B. Tab. 2.1), in denen technische Merkmale abgefragt werden
- Fragelisten (intern) oder Fragebögen (extern), die dazu dienen, in Auftragsgesprächen einen Leitfaden zu haben
- Lastenheft, das vom Kunden erstellt wird, enthält die „Gesamtheit der Forderungen an die Lieferungen und Leistungen des Auftragnehmers" (DIN 69905). Zugleich dient es auch als Grundlage zum Einholen von Angeboten (s. a. VDI-Richtlinie 2519).
- Pflichtenheft, wird vom Auftragnehmer erstellt und enthält die vom „Auftragnehmer erarbeiteten Realisierungsvorgaben" (DIN 69905) und bildet, oft auf der Grundlage des Lastenheftes, die Basis für seine zu erbringenden, vertraglich festgehaltenen Leistungen.

Für den formalen Aufbau der Anforderungsliste sind die folgenden Punkte zu beachten:

- ausführende Stelle oder Firma ausweisen (Benutzer der Liste)
- Benennung oder Kennzeichnung des Produkts
- Seitenangabe (oft auch mit Angabe der gesamten Seitenzahl)
- Datum der Erstellung der ersten Liste
- Angabe, um welche Ausgabe der Liste es sich handelt und welche ersetzt wird

Tab. 2.1 Leitlinie mit Hauptmerkmalen zum Aufstellen einer Anforderungsliste. (Nach Pahl und Beitz 2007)

Hauptmerkmal	Beispiele
Geometrie	Verfügbarer Raum, Hohe, Breite, Lange, Durchmesser, Anzahl, Anordnung, Anschluss, Ausbau und Erweiterung
Kinematik	Bewegungsart, Bewegungsrichtung, Geschwindigkeit, Beschleunigung
Kräfte	Große, Richtung, Häufigkeit, Gewicht, zul. Last, zul. Verformung, Steifigkeit, Federeigenschaften, Stabilität, kritische Frequenzen
Energie	Leistung, Wirkungsgrad, Reibung, Ventilation, Zustandsgrößen (Druck,Temperatur, Feuchtigkeit) Wärmezu-/abfuhr, Anschlussenergie, Energiespeicherung, -Arbeitsaufnahme, Energieumformung
Stoff	Physikalische und chemische Eigenschaften der Hilfsstoffe und des Produktes, vorgeschriebene Werkstoffe, Materialfluss
Information	Eingangs- und Ausgangssignale, Art der Anzeige, Betriebs- und Überwachungsgeräte
Sicherheit	Unmittelbare/mittelbare Sicherheitstechnik, Sicherheitshinweise, Betriebsbeschreibung, Arbeits- und Umweltsicherheit, Unfallverhütungsvorschriften
Ergonomie	Mensch/Maschine-Beziehungen: Bedienungselemente, Bedienungsart, Übersichtlichkeit, Beleuchtung, Design
Fertigung	Einschränkungen durch die Produktionsstätte, größte herstellbare Abmessung, bevorzugtes Fertigungsverfahren, verfügbare Fertigungsmittel, Qualitätsforderungen, Toleranzen
Kontrolle	Mess- und Prüfmöglichkeiten, Vorschriften/Spezifikationen (TÜV, ASME, DIN, ISO, AD-Merkblätter)
Montage	Besondere Montageanweisungen, Zusammenbau, Einbau. Montage im Werk oder auf der Baustelle, erforderliche Fundamente
Transport	Begrenzung durch Hebezeuge, Bahnprofil Transportwege oder Versandart
Gebrauch	Geräuscharmu! (dBA), Verschleißrale. Anwendungs- und/oder Absatzgebiet, Einsatzort (z. B. aggressive Atmosphäre, Tropen usw.)
Instandhaltung	Wartungsfreiheit, Festlegung der Zeiträume für Wartung, Inspektion oder Austausch, vorbeugende Instandsetzung, Anstrich, Reinigung
Recycling	Wiederverwendung, Wiederverwertung, Entsorgung, Beseitigung. Deponie
Kosten	Maz. zul. Herstellkosten, Werkzeugkosten, Investition, Amortisation
Termin	Ende der Entwicklungszeit, Lieferzeit, Zeitplanungsmethoden, Projektmanagement

- Angabe der Änderungsaktivitäten mit Datum
- Kennzeichnung, ob Forderung (F) oder Wunsch (W)
- Anforderungen, verbal kurz beschrieben mit quantitativen oder qualitativen Angaben
- Angabe des jeweils Verantwortlichen
- Verwendung der Dezimalklassifikation erleichtert die Übersicht und minimiert den Änderungsaufwand in der Nummerierung der Forderungen und Wünsche (die Hauptmerkmale in Tab. 2.1 erhalten die Ordnungsnummern 1 bis 17)

Der formale Aufbau muss so festgelegt werden, dass er für alle Entwicklungs- oder Konstruktionstätigkeiten des Betriebes genutzt werden kann (eventuell Normenabteilung einbeziehen). Die Tab. 2.2 zeigt ein praktisches Beispiel für die Entwicklung eines Korkenziehers mit der folgenden noch recht ungenauen Beschreibung der Aufgabenstellung.

Tab. 2.2 Anforderungsliste für einen Korkenzieher

Fa. Kozi Aachen	Anforderungsliste für Korkenzieher Projektleiter: _____		Ausgabe: 1 Datum: 20.08.2018 Seite 1 von …
F/W		**Änderung Datum**	**Verantwortlich**
F	1. Geometrie 1.1 Max. Abmessungen 200 × 100 × 50 mm		
F	2. Kinematik 2.1 Korken translatorisch bewegen		
F	3. Kräfte 3.1 Geringe Bedienkräfte, z. B. 20 N		
F	4. Energie 4.1 Keine Fremdenergie		
F	5. Stoff 5.1 Korrosionsbeständig		
F	7. Sicherheit 7.1 Verletzungsgefahr ausschließen		
F	8. Ergonomie 8.1 Ansprechendes Design		
F	14. Instandhaltung 14.1 Wartungsfrei		
F	16. Kosten 16.1 Herstellkosten max. 8 €		
F	17. Termin 17.1 Produktionsbeginn 30.11.2018		

Es ist eine Vorrichtung zu entwickeln, mit deren Hilfe man einen Korken aus einer Flasche entfernen kann. Es sind die folgenden Forderungen zu erfüllen:

- Die erforderliche Handkraft soll möglichst gering sein.
- Die Vorrichtung ist so zu bemessen, dass sie in einer Küchenschublade Platz findet.

Man erkennt, dass auf der Basis der anfänglichen Forderungen noch einige Details festgelegt wurden, damit der Konstrukteur an die Arbeit gehen kann.

Konzipieren

3

Am besten geht man bei der Konstruktionstätigkeit von der Frage aus, welches die wichtigste Anforderung ist, die an das technische Erzeugnis gestellt wird. Die Antwort darauf lautet im Prinzip:

▷ Ein technisches Erzeugnis (Produkt) muss die von ihm erwartete Funktion (auf möglichst einfache Weise) erfüllen und es muss sich (mit möglichst geringem Aufwand) herstellen lassen.

Wie der Konstrukteur im Einzelnen vorgehen soll, wird in der Lehre der Konstruktionsmethodik beschrieben. In ihr wird die allgemeine Systemtheorie für technische Sachverhalte anwendbar dargestellt.

3.1 Der Systembegriff

Was genau ein System ist, kann am besten anhand der Darstellung in Abb. 3.1 nachvollzogen werden.

Systeme bestehen im Prinzip aus Elementen und gegebenenfalls aus Teilsystemen, die Eigenschaften besitzen und durch Beziehungen miteinander verknüpft sind. Ein wichtiges Merkmal ist die Systemgrenze, die beschreibt, wie und wo das System gegenüber seiner Umgebung abgegrenzt ist. Mit dieser Umgebung tritt das System durch die Ein- und Ausgangsgrößen in Verbindung, damit ist auch die Eigenschaft des Gesamtsystems (Zweckfunktion) beschreibbar.

Bei technischen Systemen bestehen der Eingang und der Ausgang aus den „Umsätzen" (Energie, Stoff, Information). In den meisten Fällen sind aber außer dem sogenannten Hauptumsatz auch noch Nebenumsätze erforderlich. So ist zum

© Springer Fachmedien Wiesbaden GmbH, ein Teil von Springer Nature 2019
P. Naefe, *Konstruktionsmethodik*, essentials,
https://doi.org/10.1007/978-3-658-24554-2_3

Beispiel für die Funktionsfähigkeit eines elektrischen Antriebs (Hauptumsatz Energie) eine bestimmte Menge an Steuersignalen erforderlich (Nebenumsatz Information).

Dem Konstrukteur obliegt es, die Systemgrenze entsprechend der Aufgabenstellung festzulegen. Eine schlechte Definition dieser Grenze ist in der Praxis eine häufige Ursache für Fehler. Es werden z. B. Elemente oder Einflussgrößen der Systemumgebung zugeordnet, die zur Bewältigung der Konstruktionsaufgabe eher in das System übernommen werden müssten. Andererseits passiert es auch, dass der Konstrukteur sich seine Aufgabe dadurch unnötig erschwert, dass er Elemente oder Teilsysteme in das zu bearbeitende System übernimmt, die besser der Umgebung oder einem benachbarten System angehören sollten.

Bei genauerer Betrachtung der Abb. 3.1 erkennt man, dass sich ein technisches System auch auf die Darstellung der Systemgrenze und des In- und Outputs reduzieren lässt. Damit kann die Aufgabenstellung für den Konstrukteur auf die folgende Frage konzentriert werden:

▷   Was (genau) will ich erreichen und wie (mit welchen Mitteln) komme ich zum Ziel?

Er muss sich also zuerst darüber klar werden, welchem Zweck seine Konstruktion dienen soll. Die sich daraus ergebende und am besten schriftlich formulierte Gesamt- oder Hauptfunktion des Systems wird auch Wesenskern genannt. Damit lässt sich das in Abb. 3.1 dargestellte System auf eine so genannte „Black Box" reduzieren.

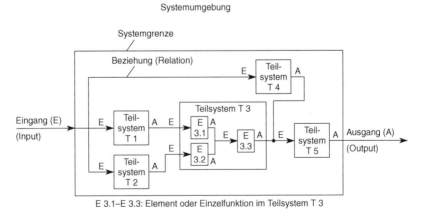

E 3.1–E 3.3: Element oder Einzelfunktion im Teilsystem T 3

Abb. 3.1   Prinzipieller Aufbau eines Systems. (Nach Ehrlenspiel 2013)

Abb. 3.2   Black-Box-
Modell eines Systems
allgemein (oben) und
technisch (unten). (Pahl und
Beitz 1972)

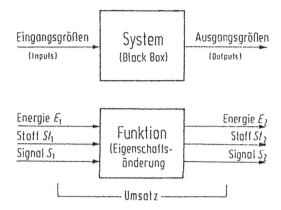

Bei der Darstellung des Systems auf der obersten Ebene und der Beschränkung auf „Input" und „Output" spielen zunächst seine inneren Zusammenhänge keine Rolle (Abb. 3.2).

Die erste prägnante Formulierung einer entsprechenden Vorgehensweise erfolgte bereits durch Hansen (1956):

- bestimme den Kern der Aufgabe (Hauptzweck)
- kombiniere die möglichen Aufbauelemente zweckmäßig
- bestimme die in jeder Variante enthaltenen Mängel und suche nach Verbesserung
- ermittle die Lösung mit den wenigsten Mängeln
- schaffe die erforderlichen Fertigungsunterlagen

3.2   Die Funktionenstruktur

Der zweite Schritt in der Vorgehensweise nach der VDI-Richtlinie 2221 (s. Abb. 1.1) enthält die Anweisung: „Ermitteln von Funktionen und deren Strukturen".

Bevor aber mit der Formulierung von Funktionen begonnen werden kann, ist es erforderlich, die Aufgabenstellung (Anforderungsliste) auf den eigentlichen Zweck des Produktes hin zu analysieren. Dieser Schritt dient dazu, die Hauptaufgabe der zu entwickelnden Konstruktion (den Wesenskern) klar zu erkennen. Dabei muss auch geklärt werden, ob überhaupt ein neues Konzept entwickelt werden muss, oder ob auf bestehende Konzepte zurückgegriffen werden kann.

Eine wichtige Voraussetzung für die Identifikation geeigneter Funktionen für das zu entwickelnde technische Erzeugnis ist die Abstraktion. Sie dient dazu, sich gedanklich von bisher angewandten Lösungsprinzipien zu trennen, um gegebenenfalls zweckmäßigere zu finden. Hierzu sind auch die folgenden Fragestellungen hilfreich:

- Welche Eigenschaften muss die angestrebte Lösung haben?
- Welche Eigenschaften darf sie nicht haben?

Wie der richtige Abstraktionsgrad gefunden werden kann, darüber gibt auch die VDI-Richtlinie 2803 im Rahmen der Funktionenanalyse nähere Auskunft.

Zum besseren Verständnis für eine gelungene, lösungsneutrale Formulierung einer Funktion soll das folgende Beispiel dienen:

nicht: „Labyrinthdichtung konstruieren", sondern: „Welle berührungslos abdichten".

In der Lehre der Konstruktionsmethodik wird eine Funktion folgendermaßen definiert:

▶   Der gewünschte Vorgang ist in kausaler Zuordnung oder Abhängig-
     keit zwischen Eingangs- und Ausgangsgröße in lösungsneutraler
     Form auszudrücken.

Unter kausalem Zusammenhang ist die Forderung zu verstehen, dass bei einer definierten Eingangsgröße in das technische System (oder die Funktion) sich immer eine vorhersehbare (reproduzierbare) Ausgangsgröße ergibt.

Es ist zweckmäßig, Funktionen mit einem Substantiv und einem Verb zu beschreiben. Hierbei ist es wichtig, Verben mit aktivistischer Bedeutung zu verwenden, die das Geschehen direkt beschreiben. Beispielsweise: „Flüssigkeit fördern" und nicht „Flüssigkeitsförderung ermöglichen". Das Substantiv soll nach Möglichkeit quantifizierbare Eigenschaften haben.

Eine Funktion wird in der Technik immer durch einen Funktionsträger bewirkt, sie ist aus den folgenden Elementen zusammensetzt (s. Abb. 3.3):

- Zustand: Beschreibung der Eigenschaften des Stoffs, der Energie oder der Information beim Eingang und Ausgang in den Funktionsträger
- Operation: Eigenschaftsänderung, bewirkt durch den Funktionsträger, auch Prozess oder Verfahren genannt
- Relation: Darstellung der Beziehung zwischen Zuständen und Operationen (Verknüpfung, Ablaufwege).

Abb. 3.3 Darstellung der Elemente in der Funktionsstruktur. (Nach Ehrlenspiel 2013)

Diese Darstellungsweise gestattet es, die Lösung einer Aufgabenstellung aus einzelnen Bauelementen und ihren Relationen, ähnlich wie bei einem elektrischen Schaltplan oder dem Ablaufdiagramm eines Rechenprogramms, auf dem Papier darzustellen. Man kann Varianten des Ablaufes und der Wirkmechanismen in dieser „Funktionenstruktur" zunächst theoretisch in allen ihren Konsequenzen darstellen und beurteilen, bevor man zum nächsten Schritt des Konstruktionsablaufes übergeht.

Eine Funktionenstruktur zu erstellen bedeutet, die Aufgabenstellung nach geeigneten Gesichtspunkten zu gliedern. Durch die Strukturierung wird eine komplexe Gesamtaufgabe auf überschaubare Einzelaufgaben, die einfacher zu lösen sind, aufgeteilt. Man kann den Wesenskern einer Aufgabenstellung in wichtige und weniger wichtige Einzelfunktionen aufteilen und Teilbereiche definieren, die in eine Reihenfolge (Rangfolge) der Bearbeitung eingeordnet werden können.

Man kann verschiedene Gesichtspunkte bei der Strukturierung befolgen. Der Einfachheit halber sollen hier aber nur funktionale Aspekte berücksichtigt werden, weil beim Konstruieren die Erfüllung von Funktionen Vorrang hat. Die Aufstellung einer Funktionenstruktur liegt auf der Schnittstelle zwischen Aufgabenklärung und Lösungssuche.

Aufgrund der Organisation von Stücklisten (s. Kap. 5) und der Montage hat sich die Strukturierung in Gruppen oder Ebenen am weitesten verbreitet. Man gliedert ein Produkt also entweder nach Funktions- (Funktionenstruktur) oder nach Montagegesichtspunkten (Baustruktur), wobei in der Praxis die Grenzen aus verschiedenen Gründen manchmal ineinander fließen.

Die entsprechend der Systemtechnik gegliederte Darstellung des funktionalen Zusammenhangs ist hierarchisch aufgebaut (s. a. Abb. 3.1) und wird Baumstruktur genannt. Bei ihrer Erstellung geht man möglichst, auch bei bekannten Systemen, von der abstrahierten (allgemein formulierten) Gesamtaufgabe aus. Sind alle Ein- und Ausgangsgrößen (gegeben oder gefordert) bekannt, so lässt

sich eine Gesamtfunktion angeben, die in weitere Teilfunktionen und gegebenenfalls Einzelfunktionen aufgegliedert werden kann (s. Abb. 3.4).
Wendet man die hierarchische Ordnung z. B. auf einen Fahrzeugantrieb mit
Verbrennungsmotor an, so kommt man zu der sogenannten Baumstruktur wie sie
in Abb. 3.5 dargestellt ist. Die Gesamtfunktion steht an oberster Stelle, die anderen Funktionenklassen (Teil- und Einzelfunktionen) sind ihr in den darunter liegenden Ebenen zugeordnet.
Im Beispiel bleibt es zunächst offen, ob es sich hier um eine Soll- oder eine
Iststruktur handelt. Allerdings ist ein Verbrennungsmotor mit seinen Teil- und/
oder Einzelfunktionen ja kein völlig unbekanntes und damit insgesamt neu zu
konstruierendes technisches Erzeugnis.
Die Darstellung der verschiedenen Ebenen der Funktionsklassen kann von
oben nach unten oder von links nach rechts erfolgen. Wichtig für die Aufstellung
der Funktionenstruktur ist die sprachlogische Hilfe beim Übergang von der höheren zur niedrigeren Ebene „wie geschieht das?" (Mittel), bei dem Übergang von
unten nach oben „warum geschieht das?" (Zweck). Dadurch können die Ein-
ordnung der Funktionen leichter durchgeführt, und/oder noch nicht erkannte
Funktionen gefunden werden. In Abb. 3.5 geben z. B. alle Funktionen der zweiten Ebene an, *wie* die Funktion der ersten Ebene „chemische Energie in mecha-
nische Energie wandeln" realisiert werden soll. Umgekehrt wird deutlich, *warum*
die Funktionen „Bauteile fixieren" und „Kraftstoff speichern" gebraucht werden, wenn man von der vierten Ebene zur dritten aufsteigt und dort die Funktion
„Kraftstoff leiten" findet.

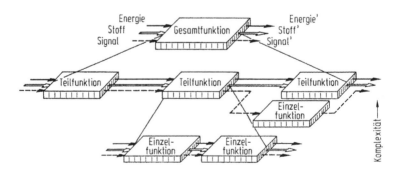

Abb. 3.4 Bildung einer Funktionenstruktur als Baumstruktur durch Aufgliedern einer
Gesamtfunktion in Teilfunktionen. (Nach Pahl und Beitz 2007)

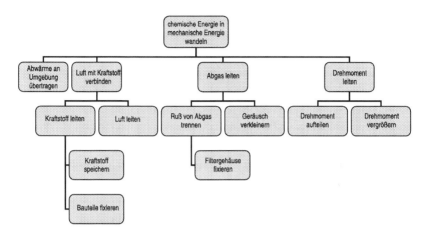

Abb. 3.5 Funktionen eines Fahrzeugantriebs als Baumstruktur

Ein neues Produkt wird im Prozess seiner Entwicklung in der Regel aus zwei Perspektiven betrachtet: funktional und physisch. Während die funktionale Beschreibung lösungsneutral ist, schränkt die physische die Anzahl der möglichen Lösungen zur Realisierung ein, was durch die Überführung in eine Stückliste schließlich zu einer einzigen ausgewählten Lösung führt.

In der neueren Literatur zur Konstruktionsmethodik (Pahl und Beitz 2013) wird empfohlen, wegen der beschriebenen Schwierigkeiten, die Sichtweise zu wechseln. Es wird zu einer gleichzeitigen Sicht auf die Funktionen und Bauelemente des Produkts mit der Frage: „Was ist zur Realisierung der jeweiligen Funktion erforderlich?" geraten. Ein Produkt hat ja außer einem funktionalen auch einen systematischen physischen Aufbau, es besteht aus Komponenten, Montagegruppen und Einzelteilen. Zusätzlich zur Funktionenstruktur muss es also auch eine Produktstruktur geben, die in manchen Lehrbüchern auch als Baustruktur bezeichnet wird, weil sie für die Denkweise steht, mit der die Stückliste für Fertigung und Montage aufgebaut wird (s. Kap. 5). Der Zusammenhang zwischen den beiden Strukturarten wird als Produktarchitektur bezeichnet.

Dieser Zusammenhang ist in Abb. 3.6 anhand der sogenannten METUS-Raute dargestellt. Die Kennzeichnung der Zugänge rechts und links soll darauf hinweisen, dass man bei der Produktentwicklung grundsätzlich sowohl aus der funktionalen als auch aus der realen Sicht vorgehen kann.

Es wird in der Darstellung auch verdeutlicht, dass mehrere Funktionen von einer Komponente (oder Bauteil) ausgeführt werden können, umgekehrt kann

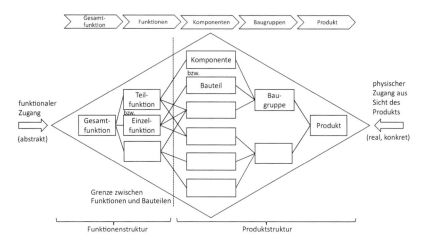

Abb. 3.6 Produktarchitektur als Zusammenführung von Funktionen- und Produktstruktur. (Pahl und Beitz 2013; Naefe und Luderich 2016)

eine Funktion von mehreren Bauteilen erfüllt werden. Innerhalb der Produktstruktur (Baustruktur) gilt aber, dass ein Bauteil jeweils nur einer Baugruppe zugeordnet sein kann (nähere Erläuterungen s. Pahl und Beitz 2013). Die durch die Darstellung in Abb. 3.6 erkennbaren Zusammenhänge sollen dazu ermutigen, schon in der Planungsphase eine erste Produktstruktur zu entwerfen. Dabei werden Funktionen, für die noch keine Prinziplösungen bekannt sind, in diese aufgenommen. So entsteht eine Mischform aus Produkt- und Funktionenstruktur in der relativ früh eine erste Version des Produkts erkennbar wird.

Um die beschriebenen Gedankengänge ein wenig anschaulicher zu machen, ist in Abb. 3.7 dargestellt, wie sich die Strukturelemente aus Abb. 3.6 in Bezug auf den Fahrzeugantrieb in einer METUS-Raute zusammenfügen.

3.3   Konzeptvarianten

Nachdem die erforderlichen Funktionen und deren Struktur ermittelt wurden, geht es nun darum, die geeigneten Lösungsprinzipien zu finden. Um dabei erfolgreich zu sein, ist es besonders wichtig, sein Denken so weit wie möglich zu öffnen, damit bei der Suche keine Einschränkungen gemacht werden, die das Finden neuer Lösungen erschweren. So hat sich z. B. in der Aufgabenstellung, Maschinen zu steuern, ein Übergang von mechanischen Mitteln zu mechatronischen ergeben.

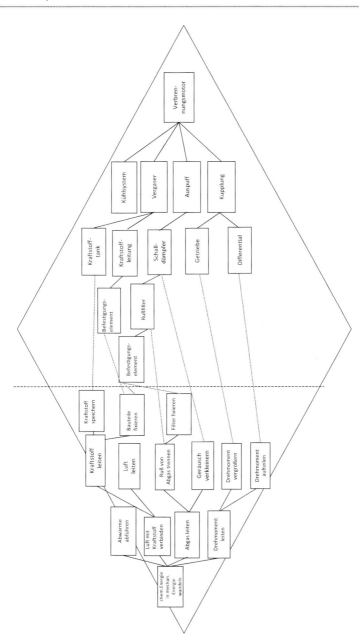

Abb. 3.7   Produktarchitektur eines Fahrzeugantriebs mit Verbrennungsmotor

Eine wichtige Voraussetzung für die Öffnung des Kreativitätspotenzials ist der richtige Abstraktionsgrad bei der Formulierung der Funktionen. Formuliert man zu nah an der Realität, wird dadurch das Suchfeld eingeengt.

Zur Unterstützung der Ideenfindung werden in der Methodenlehre hauptsächlich drei Bereiche unterschieden:

- konventionelle Methoden (Kataloge von Herstellern oder bekannten Lösungen auswerten)
- intuitiv betonte Methoden (spontane Einfälle anregen)
- diskursiv betonte Methoden (systematisch gesteuertes Denken)

Die Unterscheidung in die drei Bereiche erfolgt nur, um eine bessere Übersicht über die geeigneten Methoden zu erhalten. Es soll darin keinesfalls eine Wertung gesehen werden. Der Einsatz einer Methode aus einem der drei Bereiche schließt auch keinesfalls die Verwendung anderer Methoden aus.

Für technische Aufgabenstellungen hat sich die Methode des morphologischen Kastens besonders bewährt.

Der morphologische Kasten ist ein Ordnungsschema (s. Abb. 3.8), das nach dem folgenden Prinzip aufgebaut ist:

- in die Zeilen (1,2...n) werden als Funktionen F_i die Teil- oder Einzel-funktionen aus der vorher aufgestellten Funktionenstruktur eingetragen. In den einzelnen Zeilen werden jeweils die möglichen Varianten der Lösungs-elemente E_{ij} eingetragen, die zur Erfüllung dieser Funktion gefunden worden sind (Wirkprinzipien, Funktionsträger), bis eine Matrix entstanden ist, in der in jeder Zeile mindestens ein Element steht
- die Spalten (1,2...m) ordnen jeder Funktion F_i jeweils die Einzellösungen zu

Zur Ermittlung einer Gesamtlösung kombiniert man aus jeder Zeile jeweils ein Element mit einem Element der folgenden Zeile. Man gelangt auf diese Weise zu sogenannten Lösungsvarianten, deren Anzahl von zwei wesentlichen Kriterien abhängt:

- Anzahl der Einzellösungen in den Zeilen
- Verträglichkeit der Elemente miteinander.

Zur besseren Beurteilung der Verträglichkeit ordnet man am besten die Teil- oder Einzelfunktionen entsprechend der Reihenfolge der Funktionsstruktur an.

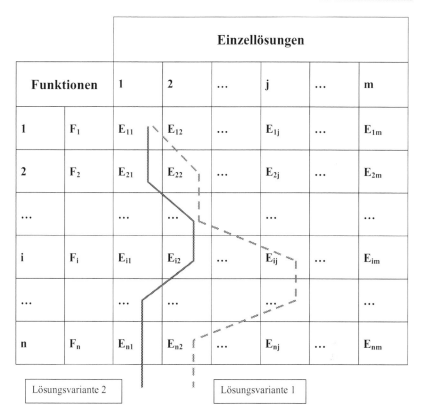

Abb. 3.8 Morphologischer Kasten mit prinzipieller Darstellung der Vorgehensweise zur Bildung von Lösungsvarianten. (Nach Pahl und Beitz 2007)

Außerdem wird die Verträglichkeit leichter erkennbar, wenn die Einzellösungen nicht nur verbal formuliert in der Matrix stehen sondern als Prinzipskizzen. Oft ist es auch hilfreich, die Zuordnung von Lösungselementen und Funktionsträgern zunächst in vergröberter (zusammenfassender) Formulierung vorzunehmen. Man erkennt dann leichter, für welche Teil- oder Einzelfunktionen evtl. gleiche oder ähnliche Lösungen in Betracht kommen.

Mithilfe des Beispiels für die Entwicklung eines Korkenziehers, gemäß Aufgabenstellung in Abschn. 2.3 (s. Tab. 2.2), wird die Anwendung des morphologischen

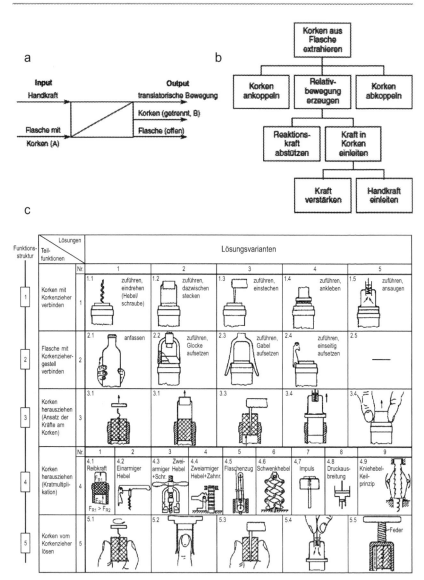

Abb. 3.9 Funktionen eines Korkenziehers und morphologischer Kasten. (Roth 1996)

Kastens näher erläutert. In Abb. 3.9 sind der Anschaulichkeit halber drei Schritte des methodischen Vorgehens zusammengefasst dargestellt:

- Black Box (s. Abb. 3.9a)
- Funktionenstruktur (s. Abb. 3.9b)
- Ordnungsschema als morphologischer Kasten (s. Abb. 3.9c)

3.4 Auswahl und Bewertung von Lösungsvarianten

Bei der methodischen Suche kann es zu einer größeren Anzahl von möglichen Gesamt- oder Teillösungen (Lösungsvarianten) kommen. Das ist einerseits der Vorteil dieses Vorgehens, andererseits bringt es aber den Nachteil mit sich, unter Umständen unübersichtlich zu werden. Es ist deshalb anzustreben, rechtzeitig die Anzahl der möglichen Lösungsvarianten einzuschränken, bevor ein größerer Aufwand in den folgenden Arbeitsschritten betrieben wird.

Auswahlliste

Eine relativ einfache Methode zu diesem Zweck ist die Auswahlliste, man geht dabei mit den Schritten „Ausscheiden und Bevorzugen" vor. In einer ersten Betrachtung aller möglichen Lösungsvarianten, werden die nach den Festforderungen der Anforderungsliste ungeeignet erscheinenden ausgesondert. Auch Wünsche oder bestimmte Vorstellungen davon, wie eine mögliche Lösung auf keinen Fall aussehen soll, werden hier berücksichtigt.

Bewertungsverfahren

Den Abschluss der Konzeptphase bildet der Arbeitsschritt „bewerten nach technischen und wirtschaftlichen Kriterien". Um in der Lage zu sein, diesen Schritt durchzuführen, müssen aber bestimmte Voraussetzungen erfüllt werden:

1. Es ist erforderlich, die in Betracht kommenden Lösungsvarianten konkret auszuführen (d. h. genau zu beschreiben oder darzustellen).
2. Man muss detaillierte und möglichst quantifizierbare Beurteilungskriterien finden, um den Wert einer Lösung ermitteln zu können.

Diese Voraussetzungen sind in der Konzeptionsphase nicht immer ohne Weiteres erfüllbar. Die im Folgenden angeführten Verfahren kommen deshalb überwiegend für die Entwurfsphase infrage, manchmal ist sogar die Ausarbeitung von Details einer Konstruktion erforderlich, um deren Wert beurteilen zu können.

Aber auch in der Konzeptionsphase ist es oft sinnvoll, sowohl technische als auch wirtschaftliche Eigenschaften der Lösungsvorschläge zu erfassen, selbst dann wenn die Kosten noch nicht genau angegeben werden können. Die Bewertungskriterien gewinnt man aus:

• der Anforderungsliste (quantifizierte Fest- oder Wunschforderungen)
• den allgemeinen technischen oder wirtschaftlichen Kenndaten oder Eigenschaften des zu konstruierenden technischen Erzeugnisses
• den Kennzahlen des Controllings.

Der Sinn der Bewertung ist es, eine Lösungsvariante insgesamt, nicht nur Teile von ihr, an anderen Varianten oder an einer Ideallösung zu messen. Da die „Wertigkeit" als Grad der Annäherung an diese Ideallösung verstanden wird oder als Wertigkeitsvergleich verschiedener Varianten, ist es erforderlich, eine Zielvorstellung zu definieren, an der sich die Bewertung orientiert. Als Zielsetzung für technische Produkte sind dabei generell die drei folgenden Aspekte zu berücksichtigen:

• Erfüllung der geforderten technischen Funktionen
• die wirtschaftliche Realisierung der Funktionen
• Sicherheit für den Benutzer und die Umwelt.

Für die Bewertung kommen nur Methoden infrage, die eine vollständige Erfassung der Ziele zulassen. Dabei ist es erforderlich, nicht nur quantitativ erfassbare Kriterien berücksichtigen zu können, sondern auch qualitative. Da die detaillierte Beschreibung auch nur der wichtigsten Bewertungsmethoden den hier gegebenen Rahmen bei Weitem sprengen würde, werden sie in der folgenden Aufstellung nur mit ihren charakteristischen Eigenschaften aufgeführt:

Nutzwertanalyse
Dieses Bewertungsverfahren gliedert sich in sechs Schritte:

1. Definition eines Zielsystems und der Bewertungskriterien
2. Gewichtung der Bewertungskriterien
3. Zusammenstellung der Eigenschaftsgrößen
4. Beurteilung der Eigenschaftsgrößen mithilfe einer Werteskala (0–10)
5. Bestimmung des Nutzwertes (Gesamtwert der Lösungsvarianten)
6. Suche nach Schwachstellen der Lösungsvarianten

Die Nutzwertanalyse ist das Verfahren mit dem höchsten Anspruch auf Objektivität, benötigt aber dafür eine große Anzahl detaillierter Informationen über die Varianten. Für die Konzeptionsphase ist sie nur selten geeignet. Es ist deshalb hilfreich, auch auf vereinfachte Methoden an dieser Stelle hinzuweisen.

Technisch/wirtschaftliche Bewertung nach VDI-Richtlinie 2225
Es ist das Ziel jeder Produktentwicklung, technische Erzeugnisse mit so großer technischer und wirtschaftlicher Reife zu schaffen, dass deren Konkurrenzfähigkeit über längere Zeit erhalten bleibt. Es ist deshalb erforderlich, außer den technischen auch die wirtschaftlichen Schwachstellen erkennen zu können und zu beseitigen.

Die VDI-Richtlinie 2225 „Technisch-wirtschaftliches Konstruieren" (Blatt 1–4), fasst die in mehreren Jahrzehnten gesammelten Erfahrungen auf diesem Gebiet zusammen. Es besteht außerdem ein enger Zusammenhang zu den VDI-Richtlinien 2234 „Wirtschaftliche Grundlagen für den Konstrukteur" und 2235 „Wirtschaftliche Entscheidung beim Konstruieren". Im Vorgehensplan beim Konstruieren nach den VDI-Richtlinien 2221 und 2222 bezieht sich das technisch-wirtschaftliche Konstruieren nach VDI-Richtlinie 2225 auf die Phase des Entwurfs (Gestaltungsphase). Es ist aber in der Regel auch in der Konzeptphase schon sinnvoll, eine technisch-wirtschaftliche Bewertung durchzuführen, um die Zahl der möglichen Konzeptvarianten, die in die Gestaltungsphase übernommen werden sollen, zu verkleinern. Wenn noch nicht genügend genaue Informationen für die wirtschaftliche Bewertung vorhanden sind, kann man sich dann auch auf die technische Bewertung beschränken. Natürlich eignet sich die technisch-wirtschaftliche Bewertung auch bei bereits im Markt befindlichen Produkten, z. B. zur Standortbestimmung gegenüber der Konkurrenz (Benchmarking).

Die VDI-Richtlinie 2225 empfiehlt, sich bei der technisch-wirtschaftlichen Bewertung auf Mindestforderungen und Wünsche zu konzentrieren, da die Erfüllung von Festforderungen ja unabdingbar ist, damit eine Lösungsvariante überhaupt weiter verfolgt wird.

Technische Wertigkeit
Die Vorbereitung zur technischen Bewertung erfolgt wie bei der Nutzwertanalyse. Aus der Anforderungsliste wird ein technisches Zielsystem formuliert, aus dem die Bewertungskriterien hervorgehen. Die Bewertung selber erfolgt mit der vereinfachten Werteskala von 0–4. Im Gegensatz zur Nutzwertanalyse wird eine Gewichtung der Bewertungskriterien nur in Ausnahmefällen vorgenommen. Das Ergebnis für den technischen Wert wird auf die Höchstpunktzahl (Idealwert) bezogen und mit x bezeichnet.

Wirtschaftliche Wertigkeit
Bei der wirtschaftlichen Bewertung wird in der Regel nur der Aufwand für die
Herstellung des Produkts berücksichtigt (Herstellkosten). Das ist eine Ein-
schränkung dessen was allgemein mit den Vorstellungen zu einem wirtschaftlichen Produkt verbunden ist. Diejenigen wirtschaftlichen Vorteile, die sich bei
dem Gebrauch eines Produktes (z. B. durch einen höheren Wirkungsgrad, längere Lebensdauer, geringere Wartung) ergeben, werden weitgehend in der technischen Bewertung erfasst. Das Ergebnis für den wirtschaftlichen Wert wird mit y
bezeichnet und ist ebenfalls eine auf den Idealwert bezogene Größe.

Das s-Diagramm
Die Korrelation zwischen den Werten für x und y wird als Stärke (s) einer
Lösungsvariante bezeichnet und in einem Koordinatennetz dargestellt (s.
Abb. 3.10). Es hat sich eingebürgert, x auf der Abszisse und y auf der Ordinate
einzutragen (wie bei kartesischen Koordinaten).
 Die Ideallösung ist mit s_i gekennzeichnet und befindet sich natürlich dort, wo
x und y jeweils den Wert 1,0 erreichen. Die 45°-Linie (gestrichelt) wird als „Ent-
wicklungslinie" bezeichnet, hier liegen alle Punkte für s, die eine gleichgroße technische und wirtschaftliche Wertigkeit aufweisen. Ausgehend von einem vorhandenen

Abb. 3.10 Vergleichende
Bewertung von Produkten
mithilfe des s-Diagramms

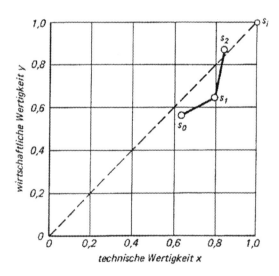

Multi-plikator	Keiner	Scherenhebel	Schraube + Hebel					
Nr.	1	2	3	4	5	6	7	15
Bild								
Teil-funktion	1.1; 2.1; 3.1; 5.1	1.1; 2.2; 3.1; 4.6; 5.1	1.1; 2.2; 3.1: 4.3: 5.1				1.1; 2.2; 3.2; 4.3; 5.1	1.1; 2.2; 3.2; 4.3; 5.5

Multi-plikator	Hebel		Flaschenzug	Reibmultiplikator	Fluidverdränger	Impulsgeber
Nr.	8	9	10	11	12	13	14
Bild							
Teil-funktion	1.1; 2.3; 3.1; 4.3; 5.5	1.1; 2.4; 3.1; 4.2; 5.1	1.1; 2.2; 3.1; 4.4; 5.1	1.1; 2.2; 3.1; 4.5; 5.1	1.2; 2.1; 3.2; 4.10; 5.2	1.3; 2.1; 3.3; 4.8; 5.3	1.1; 2.1; 3.1; 4.1; 5.1

Abb. 3.11 Lösungsvarianten für einen Korkenzieher. (Roth 1996)

Produkt, dessen Stärke in Abb. 3.10 mit s_0 gekennzeichnet ist, bedeutet die Optimierung dieses Produktes also die Verschiebung des Punktes s_0 in Richtung s_i. Man kann also den Erfolg der Bemühungen zur Verbesserung der technischen und/oder wirtschaftlichen Wertigkeit daran erkennen, dass sich s_0 nach s_1 und schließlich nach s_2 verändert.

Um die Anwendung der technisch/wirtschaftlichen Bewertung zu verdeutlichen, hilft wieder das Beispiel des Korkenziehers (s. Tab. 2.2 und Abb. 3.9). Dazu ist es erforderlich, die Lösungsvarianten, die sich aus dem morphologischen Kasten (Abb. 3.9c) ergeben konkret darzustellen (s. Abb. 3.11).

Die Aufgabe, eine Bewertung vorzunehmen und die beste Lösung herauszufinden, erfolgt nun mithilfe einer Tabelle, in der die Funktionen für jede Variante nach dem Punktesystem 0–4 eingestuft werden. Der Kürze halber kann hier nur das endgültige Ergebnis dargestellt werden (s. Tab. 3.1).

Die Lösungsvariante Nr. 15 steht also an erster Stelle und würde in die Phase der Gestaltung übernommen. Um sich ein wenig mehr Spielraum zu lassen, ist es allerdings ratsam, im Zweifelsfall auch noch die Varianten mitzunehmen, die auf dem 2. und 3. Rang stehen.

Tab. 3.1 Bewertungstabelle für den technischen Wert x des Korkenziehers

Lösungsvariante (LV$_j$)	1	2	3–6	7	8	9	10	11	12	13	14	15	Ideale Lösung
Funktion (i)													
1 Kraft an Korken Ankoppeln	3	3	3	3	3	3	3	3	4	3	3	3	4
2 Reaktionskraft Abstützen	2	4	4	4	3	3	4	4	2	2	2	4	4
3 Relativbewegung Erzeugen	4	4	4	4	4	4	4	4	3	4	4	4	4
4 Kraft verstärken	0	2,5	3,6	3,2	3,6	0,5	4.0	1,0	1,5	1,8	1,0	3,2	4
5 Korken abkoppeln	2	2	2	2	3	2	2	2	4	2	2	3	4
Summe p$_i$	11	15,5	16,6	16,2	16,6	12,5	17,0	14,0	14,5	12,8	12,0	17,2	20
x$_i$ = Σp$_{ij}$/p$_{max}$	0,55	0,775	0,83	0,81	0,83	0,635	0,85	0,70	0,725	0,64	0,60	0,86	1,0
Rang	12	6	3	5	3	10	2	8	7	9	11	**1**	

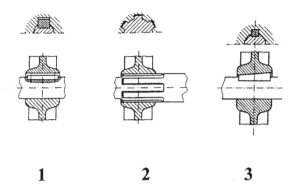

besser als = 1 Punkt
schlechter als = 0 Punkte

	Vorschlag 1	Vorschlag 2	Vorschlag 3	Summe Punkte	Rangfolge
Vorschlag 1	-	0	1	1	2
Vorschlag 2	1	-	1	2	1
Vorschlag 3	0	0	-	0	3

Abb. 3.12 Bewertung dreier Varianten von Welle-/Nabe-Verbindungen in Bezug auf ihre Rundlaufeigenschaft mithilfe der Dominanzmatrix (1. Passfeder, 2. Vielkeilwelle, 3. Keil)

Paarweiser Vergleich (Dominanzmatrix)
Diese Methode wird vorzugsweise dann benutzt, wenn sich die Eigenschaften der Lösungsvarianten eher qualitativ als quantitativ beschreiben lassen. Man vergleicht (ggf. schrittweise nacheinander) jeweils eine Eigenschaft der jeweiligen Variante mit den anderen, bewertet sie lediglich mit:

- besser als = 1
- schlechter als = 0

und bildet die Quersumme der Punkte in der Matrix (Abb. 3.12), damit ergibt sich dann die Rangfolge.

Entwerfen

4

Unter dem Entwerfen wird der Teil des Konstruierens verstanden, in dem die Baustruktur und das konkrete Aussehen (Gestalt) eines technischen Erzeugnisses und seiner Einzelteile festgelegt werden. Dabei sind nicht nur technische, sondern auch wirtschaftliche Aspekte zu berücksichtigen (Nutzwertanalyse, Wertanalyse, Benchmarking). Die Gestaltung erfordert die Wahl des Werkstoffs, der Fertigungsverfahren, die Festlegung der Hauptabmessungen mit der Untersuchung der Kollisionsgefahr beweglicher Teile und die Festlegung von Lösungen für Gesamt-, Teil- und Einzelfunktionen. Das Ergebnis der Entwurfsphase ist dann, nach eventuell erneut durchgeführter ausführlicher Bewertung, die Lösungsvariante, die zur Ausarbeitung freigegeben wird.

Es muss berücksichtigt werden, dass diese Phase wegen ihres Umfangs und der notwendigen zahlreichen und verschiedenartigen Einzeltätigkeiten einen erheblichen organisatorischen Aufwand erfordert. Es ist nicht zu vermeiden, dass

- Tätigkeiten parallel ablaufen,
- Iterationsprozesse erforderlich sind (Wiederholung eines Entwurfs unter Verwertung zusätzlicher Informationen),
- Änderungen in einem Arbeitsschritt erfolgen, die Einfluss auf andere, bereits abgeschlossene Arbeitsschritte haben können.

4.1 Gestalten

Der konkrete Gestaltungsvorgang läuft in der Regel darauf hinaus, durch Werkstoffauswahl, Wahl des physikalischen Wirkprinzips und die Bemessung der entsprechenden Bauteile, die geforderte Funktion zu erfüllen. Der gesamte Vorgang ist aber zusätzlich durch eine Vielzahl von Forderungen geprägt, die sich in

© Springer Fachmedien Wiesbaden GmbH, ein Teil von Springer Nature 2019
P. Naefe, *Konstruktionsmethodik, essentials,*
https://doi.org/10.1007/978-3-658-24554-2_4

ähnlicher Form darstellen lassen, wie es in der Leitlinie für die Aufstellung der Anforderungsliste in Tab. 2.1 bereits erfolgt ist (s. Naefe 2018).

Begriff der Gestalt und ihrer Variation

Die Gesamtheit der geometrischen Merkmale eines materiellen Erzeugnisses wird als Gestalt bezeichnet. Das Gesamtprodukt wird als ein System von Gestaltelementen aufgefasst, deren einzelne Merkmale unterteilbar sind in:

- Form,
- Größe (Makrogeometrie),
- Oberfläche (Mikrogeometrie/Rauheit).

Die Gestalt eines technischen Erzeugnisses (Produkts) kann auch zeitlich variabel sein, wenn sich beispielsweise Elemente gegeneinander bewegen oder Oberflächen elastisch deformiert werden können.

Unter der Wirkgestalt versteht man die durch die Funktion bestimmte Wirkgeometrie des Produktes (s. Abb. 4.1), von dem amerikanischen Hochhausarchitekten L. Sullivan bereits 1896 mit: „form follows function" beschrieben.

Die Produktionsgestalt ist durch Forderungen der Fertigung und Montage bestimmt, sie dient auch der Verbindung der Wirkflächen.

Grundsätzlich wirken sich alle Anforderungen an ein Produkt auf seine Gestalt aus. Die Vorgehensweise bei der Gestaltung eines Produktes kann sowohl generierend als auch korrigierend erfolgen. Eine systematische Zusammenstellung der einzelnen Merkmale einer Gestalt und ihrer Variationsmöglichkeiten enthält Tab. 4.1.

Unter der direkten Variation ist zu verstehen, dass die Flächen und/oder Körper, die eine Gestalt erzeugen, verändert werden. Die indirekte Variation bezieht sich auf die Änderung des Werkstoffs, der Montageart, der Bewegungen oder Kräfte.

Grundregeln der Gestaltung

Die sogenannten Gestaltungsgrundregeln sind als Vorschriften zu verstehen, die in jedem Fall für die Konstruktionstätigkeit gelten. Sie werden allgemeingültig formuliert und sind immer einzuhalten, deshalb werden sie allen anderen

Abb. 4.1 Wirk- und Konturflächen am Beispiel eines Korkenziehers. (Nach Ehrlenspiel 2013)

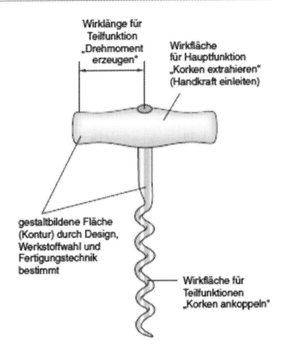

Grundsätzen vorangestellt. Ihre Nichtbeachtung führt zu Nachteilen, Fehlern und Schäden beim Gebrauch des Produktes und kann darüber hinaus zu folgenschweren Unfällen führen. Die einzelnen Grundregeln:

- einfach
- eindeutig
- sicher

leiten sich aus den generellen Zielsetzungen:

- Erfüllung der technischen Funktion
- Wirtschaftlichkeit in Herstellung und Gebrauch
- Sicherheit für Mensch, Maschine und Umgebung

Tab. 4.1 Aufstellung der Variationsmerkmale für die Gestaltung. (Nach Ehrlenspiel 2013)

Möglichkeiten der Gestaltvariation	Ausprägung	
	Allgemein	Detailliert
Direkt	Geometrisches Aussehen Relation zwischen den Bauelementen	Form, Lage, Zahl, Größe Verbindungsart, Kontaktart, Verbindungsstruktur
Indirekt	Eigenschaften des Werkstoffs Fertigung und Montage Kinematik Kraftübertragung	Festigkeit, Verformungseigenschaften Verfahrensvarianten in der Herstellung und der Montage Verlauf und Zuordnung von Bewegungen Statische Bestimmtheit
Umkehrung	Geometrisch Kinematisch Negierung	Wechsel der Anordnung Wechsel der Beweglichkeit Weglassen von Bauelementen

ab und sind in Abb. 4.2 mit den im Einzelnen ihnen zugeordneten Maßnahmen dargestellt.

Mit der Beachtung der Grundregeln soll erreicht werden, dass eine Konstruktion die folgenden Eigenschaften besitzt:

- Wirkung und Verhalten sind sicher voraussagbar, weil das Funktionsprinzip gut erkennbar ist,
- durch die Verwendung weniger Teile und einfache Gestaltung sind die Herstellung und Montage mit geringen Kosten möglich,
- durch den Einsatz geeigneter Materialien sind die Haltbarkeit, Zuverlässigkeit und adäquates Verhalten mit und in der Umgebung gesichert.

Dabei muss beachtet werden, dass alle drei Grundregeln voneinander abhängen und sich gegenseitig beeinflussen.

Einfachheit

Unter dem Begriff „einfach" versteht man:

- nicht zusammengesetzt
- übersichtlich
- leicht verständlich
- schlicht (nur das Notwendigste).

Abb. 4.2 Grundregeln der Gestaltung im Detail. (Nach Conrad 2013)

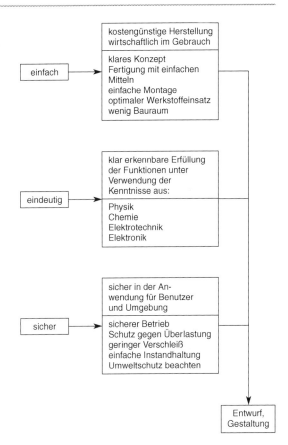

einfach
→ kostengünstige Herstellung
wirtschaftlich im Gebrauch
klares Konzept
Fertigung mit einfachen Mitteln
einfache Montage
optimaler Werkstoffeinsatz
wenig Bauraum

eindeutig
→ klar erkennbare Erfüllung der Funktionen unter Verwendung der Kenntnisse aus:
Physik
Chemie
Elektrotechnik
Elektronik

sicher
→ sicher in der Anwendung für Benutzer und Umgebung
sicherer Betrieb
Schutz gegen Überlastung
geringer Verschleiß
einfache Instandhaltung
Umweltschutz beachten

Entwurf, Gestaltung

Diese Merkmale, auf ein technisches System angewendet, ergeben kostengünstige, sichere und leicht zu montierende Konstruktionen. Da die Gestaltung von Bauteilen natürlich funktionsgerecht erfolgen muss, ist der Konstrukteur häufig gezwungen, Kompromisse zu suchen. Das wird oft durch die Fertigungsmöglichkeiten (Einzel- oder Massenproduktion) und die Art der zu verwendenden Halbzeuge und Werkstoffe beeinflusst. Zu den Hauptmerkmalen der Einfachheit kann zusammenfassend gesagt werden:

- einfache Hauptfunktionen mit wenigen Teilfunktionen und einfachen Funktionselementen

- geometrische Formen verwenden, die sich mit einfachen mathematischen Ansätzen berechnen lassen, symmetrische Bauteile bevorzugen
- Fügestellen für die Montage leicht erkennbar und Einstellvorgänge nur einmal (z. B. bei Inbetriebnahme) erforderlich
- Gebrauch des Produktes „selbsterklärend", d. h. keine komplizierten Einweisungen erforderlich
- Verwendung von Werkstoffen, die wiederverwertet werden können

Eindeutigkeit

Für alle Merkmale und Eigenschaften eines Produktes ist diese Grundregel von Bedeutung, z. B. für:

- Funktion (klare Zuordnung der Teilfunktionen in der Funktionenstruktur)
- Wirkprinzip (gut erkennbarer Zusammenhang zwischen Ursache und Wirkung)
- Auslegung (Lastzustände eindeutig definiert)
- Ergonomie (Reihenfolge der Bedienungsvorgänge möglichst zwangsläufig vorgeben)
- Montage und Transport (Irrtümer durch zwangsläufige Montagefolge ausschließen)
- Rezyklierung (eindeutige Trennstellen für verschiedene Werkstoffe)

Sicherheit

Die dritte Grundregel bedeutet, dass ein technisches System seine Funktionen sicher für sich selbst und seine Umgebung erfüllen muss. Wegen seiner Bedeutung wurde dieser Aspekt in der Norm DIN 31000 zusammengefasst und in die drei Stufen:

- unmittelbare,
- mittelbare und
- hinweisende Sicherheitstechnik

eingeteilt (s. Tab. 4.2).

Grundsätzlich ist die unmittelbare Sicherheitstechnik die beste Lösung, weil systembedingt erst gar keine Gefährdung auftreten kann. Erst wenn die unmittelbare Sicherheit nicht möglich ist, muss durch Hinzufügen von Schutzvorrichtungen oder Sicherheitsmaßnahmen eine mittelbare Sicherheit erzeugt werden. Die hinweisende Sicherheit ist für den Konstrukteur eigentlich keine Problemlösung, sondern sie kann nur helfen, durch Warntafeln oder Hinweise in der Bedienungsanleitung auf unvermeidbare Gefahren oder Belästigungen aufmerksam zu machen.

Tab. 4.2 Die drei Stufen der Sicherheit. (Nach DIN 31000 und DIN EN 292)

Sicherheitstechnik DIN 31000	Wirkprinzip	EG-Maschinenrichtlinie DIN-EN-292
Unmittelbare	Gefahr vermeiden	Gefahren beseitigen oder minimieren
Mittelbare	Gegen Gefahren sichern	Gegen nicht zu beseitigende Gefahren notwendige Schutzmaßnahmen ergreifen
Hinweisende	Vor Gefahren warnen	Benutzer über Restgefahren unterrichten

Prinzipien der Gestaltung

Die Gestaltungsprinzipien sollen dabei helfen, die konkrete Gestalt eines Funktionsträgers zu entwickeln, mit der er den jeweiligen Anforderungen gerecht wird. Es werden in erster Linie die Arbeitsschritte Grob- und Feingestaltung unterstützt. Es handelt sich bei diesen Prinzipien um die Sammlung systematisch geordneter Erkenntnisse aus bewährten konstruktiven Lösungen.

Bei der Anwendung der Gestaltungsprinzipien ist es durchaus möglich, dass Zielkonflikte entstehen (meistens mit der Forderung nach geringen Herstellkosten). Aus der Vielfalt der in der Literatur dargestellten Prinzipien sollen der Kürze halber an dieser Stelle aber nur die drei wichtigsten erwähnt werden, nämlich:

- Kraftleitung
- Aufgabenteilung
- Selbsthilfe.

Diese können noch ergänzt werden durch:

- Integral- oder Differenzialbauweise
- Einzel- oder Mehrfunktionsbauweise
- Lastausgleich.

Aufgabenteilung

Bereits bei der Aufstellung einer Funktionenstruktur stellt sich oft die Frage, ob eine Funktion in weitere Einzelfunktionen aufgeteilt werden soll oder nicht. Man spricht in diesem Zusammenhang auch von Funktionstrennung und Funktionsvereinigung. Man kann z. B. die Eindeutigkeit einer Konstruktion dadurch verbessern, dass man eine ursprünglich vorgesehene Kombination von Funktionen an einem Bauteil auf einzelne Funktionen mit jeweils getrennten Bauteilen aufteilt.

Richtlinien zur Gestaltung

Bei der Anwendung der Regeln oder Prinzipien erkennt man, dass sich zum Teil Überschneidungen von Eigenschaften und/oder andere Auswirkungen ergeben, deren Akzeptanz der Konstrukteur mit dem Anwender abstimmen muss. Das zu entwickelnde technische Produkt hat aber immer die seinem Anwendungszweck entsprechende Forderungen zu erfüllen und muss den jeweiligen Möglichkeiten des Herstellungsbetriebes angemessen konstruiert werden. Diese besonderen Forderungen oder Einschränkungen werden als Restriktionen bezeichnet und fast in jedem einschlägigen Lehrbuch mit der Endsilbe „-gerecht" versehen. Die Restriktionen führen dazu, dass Produkte, die die gleiche Bezeichnung tragen, sehr verschiedene Eigenschaften besitzen können. Ein Schaltgetriebe für einen PKW ist in der Regel für den Einsatz an einer Drehmaschine nicht oder nur sehr schlecht geeignet. Durch die unterschiedlichen Bedingungen entstehen speziell geeignete, optimierte Produkte (z. B. Schuhe zum Wandern, Laufen, Radfahren, Tanzen usw.). Es wird klar, dass ein Produkt, das allen denkbaren Anforderungen gleichermaßen gerecht werden soll, entweder sehr aufwendig konstruiert sein muss oder für keine Anforderung ein Optimum erreicht.

Die Möglichkeiten, die sich für den Konstrukteur ergeben, auf Restriktionen zu reagieren, werden in zwei Kategorien unterschieden:

- unmittelbar (funktions-, fertigungs-, beanspruchungs-, montage-, werkstoff- und ausdehnungsgerecht und außerdem kostengünstig)
- mittelbar (sicherheits-, qualitäts-, ergonomie-, norm-, recycling-, umwelt-, termin-, instandhaltungs-, transport- und entsorgungsgerecht)

Um die Übersicht nicht zu verlieren, kann dem Anfänger aber grundsätzlich empfohlen werden, zunächst einmal mit den Aspekten:

funktions-, herstellungs- und montagegerecht

als bedeutsamste Restriktionen für seine Konstruktion zu beginnen.

4.2   Kostengünstig konstruieren

Die wichtigsten Forderungen, die beim Konstruieren von technischen Produkten zu beachten sind, werden oft unter dem Oberbegriff „Wirtschaftlichkeit" zusammengefasst. Dabei bedeutet Wirtschaftlichkeit allgemein ausgedrückt: „mit einem Minimum an Aufwand ein Maximum an Wirkung zu erzielen". Man unterscheidet:

- funktionsmäßige Wirtschaftlichkeit, am besten definiert durch den Wirkungsgrad, d. h. mit geringen Verlusten einen angestrebten Nutzen erzielen. Das ist die Optimierung des Verhältnisses von Aufwand und Wirkung aus technischer Sicht.

- herstellungsmäßige Wirtschaftlichkeit, ein Produkt mit möglichst geringen Kosten (Beschaffung, Fertigung und Material, Eigen- und Fremdpersonal) erzeugen. Dabei dürfen natürlich die im vorstehenden Abschnitt beschriebenen Regeln und Prinzipien nicht verletzt werden.

In allen Phasen des Konstruktionsprozesses ist es wichtig, sich über die Konsequenzen im Hinblick auf die Kosten des zu entwickelnden Produktes im Klaren zu sein. Der überwiegende Teil der Kosten wird nämlich durch das gewählte Lösungskonzept und seine Gestaltung festgelegt. Die nachfolgenden Aktivitäten zu Entstehung des Produktes haben nur noch wenig Einfluss. Es ist daher von entscheidender Bedeutung für den Konstrukteur, dass er sich eine Übersicht darüber verschafft, welche Kosten am oder mit dem Produkt nach seiner Konstruktionstätigkeit entstehen. Nur der Rückfluss von Kenntnissen aus den der Konstruktion nachfolgenden Aktivitäten und die systematische Verwertung dieser Erfahrungen ermöglichen es ihm, einen auch im Hinblick auf die Kosten optimalen Entwurf anzufertigen. Seine Sicht muss also, außer auf das Ziel der Erfüllung des technischen Zwecks des Produktes, auch auf seine kostengünstige Herstellung und Nutzung gerichtet sein.

Da an dieser Stelle der Kürze halber keine weiteren Ausführungen erfolgen können, wird nur auf ein besonders empfehlenswertes Buch der Autoren Ehrlenspiel, Kiewert und Lindemann mit dem Titel: „Kostengünstig entwickeln und konstruieren hingewiesen" (s. Literaturverzeichnis).

Ausarbeiten

5

Die Phase der Ausarbeitung ist der Teil der Produktentwicklung, in dem die Baustruktur des technischen Erzeugnisses durch die Erstellung der erforderlichen Unterlagen endgültig festgelegt wird. Alle Einzelheiten, wie Form, Bemessung, Oberflächen, Werkstoffe und letztlich auch die Fertigungs- und Montagestrukturen werden durch entsprechende Unterlagen dokumentiert.

5.1 Vorgehensweise und Erzeugnisgliederung

Die Arbeitsschritte, aus denen die letzte Phase im Einzelnen besteht, beinhalten die Anfertigung aller Einzelteilzeichnungen mit Stücklisten. Falls es erforderlich ist, werden auch noch Gruppenzeichnungen, die Einzelteile zu Montage- oder Funktionseinheiten zusammenfassen und gegebenenfalls zusätzlich die Gesamt- oder Zusammenstellungszeichnung, die das gesamte Produkt zeigt, ausgeführt, damit man den Gesamtzusammenhang versteht. Außer diesen Dokumenten, die in genauer Abstimmung mit den (DIN-)Normen und/oder Werksnormen auszuführen sind, müssen auch Unterlagen erarbeitet werden, die den Bau und den Betrieb des Produktes unterstützen. Dabei kommt der Betriebsanleitung (mit Gefahrenhinweisen) im Rahmen der Produzentenhaftung eine besondere Bedeutung zu.

Das gewünschte Produkt, hier Erzeugnis genannt, wird gedanklich so gegliedert, dass seine Fertigungsunterlagen ein Ordnungsschema ergeben, dass auch Erzeugnisstruktur genannt wird. Die zu verwendenden Begriffe sind in der DIN 199 und der VDI-Richtlinie 2215 definiert. Ein Produkt oder Erzeugnis kann dabei sowohl ein Gegenstand als auch eine Software sein.

Mit steigender Ordnungs- oder Strukturstufe wird das Erzeugnis in der Regel, ähnlich der Funktionenstruktur, in immer mehr Gruppen oder Einzelteile

© Springer Fachmedien Wiesbaden GmbH, ein Teil von Springer Nature 2019   45
P. Naefe, *Konstruktionsmethodik,* essentials,
https://doi.org/10.1007/978-3-658-24554-2_5

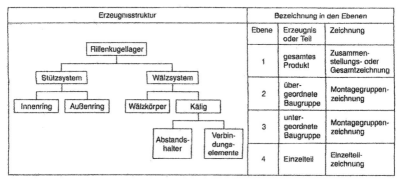

Abb. 5.1 Beispiel eines Erzeugnisstammbaums. (Nach Conrad 2013)

gegliedert. Man spricht dann von Bau- oder Erzeugnisstruktur (s. Abb. 5.1 linke Seite).

Je nach Zielsetzung, kann ein Produkt nach den Forderungen der Funktionssystematik, Fertigung, Montage und/oder Beschaffung unterschiedlich strukturiert werden. Es kann auch erforderlich sein, für ein Produkt mehrere Erzeugnisgliederungen zu erstellen, die einerseits die Materialwirtschaft, Fertigung und Montage unterstützen und andererseits den Aufbau von Katalogen und/ oder Preislisten. Die konkrete Gliederung eines Produktes in Strukturstufen zeigt Abb. 5.1 am Beispiel eines Kugellagers, hier als Montagestruktur, die der Baustruktur gleichgesetzt werden kann.

Eine fertigungs- oder montagegerechte Gliederung des Erzeugnisses entspricht weitgehend dem Erzeugnisstammbaum und dient dazu, durch die Definition und Zuordnung von:

- Baugruppen
- Untergruppen
- Einzelteilen

die Organisation der Fertigung, Vormontage, Lagerhaltung und Endmontage zu erleichtern. Außer den hier angesprochenen Vorteilen, dass ein Produkt durch die Strukturierung seiner Unterlagen überhaupt erst kosten- und termingerecht erstellt werden kann, wird auch die Konstruktion von Varianten und Baukästen unterstützt. Es ist aber auch einleuchtend, dass an der Erstellung der Erzeugnisgliederung alle betroffenen Stellen des Betriebes beteiligt sein müssen.

5.2 Variantenmanagement

Die verstärkte Kundenorientierung, die sich bis in die Konstruktionsabteilung eines Herstellers (insbesondere bei hochwertigen technischen Erzeugnissen) auswirkt, hat nicht nur Vorteile. Im Bestreben, den unterschiedlichen Kundenwünschen möglichst weit entgegenzukommen, läuft der Konstrukteur oft Gefahr, sehr viele Varianten eines Produkts erarbeiten zu wollen. Um dieser Tendenz begegnen zu können, ist es erforderlich, regelmäßig die Produktpalette des Unternehmens zu durchforsten. Dabei werden die folgenden Ziele verfolgt:

- Herausfinden der wirklich für den Anwender interessanten Varianten
- Reduktion der aktuellen Varianten durch konstruktive Maßnahmen
- Überarbeitung der verbleibenden Varianten im Hinblick auf die Senkung der Herstellkosten

In der Regel kann man durch sogenannte Baukästen oder Baureihen die wirksamste Reduzierung der Variantenvielfalt erzielen.

Baureihen

Das Wesen einer Baureihe oder Typengruppe besteht darin, nur bestimmte Parameterwerte der Bauteile oder Baugruppen eines Produkts zuzulassen und andere auszuschließen. Bei den Parametern kann es sich um qualitative und/oder quantitative handeln. Im ersten Fall spricht man auch von Typengruppen (z. B. Wälzkörperform bei Lagern), im zweiten von Baureihen.
Baureihen können z. B. mit den folgenden physikalischen Größen gebildet werden:

- Leistung, Kraft, Druck, Drehzahl
- Weg, Reichweite, Gewicht
- elektrische Kenngrößen (Stromstärke, Kapazität)
- Wärmemenge, Lichtstärke.

Für den Hersteller ergeben sich durch die Entwicklung von Baureihen die folgenden Vorteile:

- verschiedene Anwendungen eines Produktes können nach demselben Ordnungsprinzip konstruiert werden.
- in der Fertigung können größere Mengen gleicher Teile bearbeitet werden.
- eine höhere Qualität ist leichter erreichbar.

Der Nutzer des Produktes hat die Vorteile:

- das Produkt ist preisgünstig und von hoher Qualität.
- die Lieferzeit ist kurz.
- Ersatzteile sind schnell (ab Lager) beschaffbar.

Als Nachteil ist zu erwähnen, dass man nur aus einem eingeschränkten Angebot an Varianten auswählen kann, die Anpassung des Produktes an den Anwendungsfall ist dadurch nicht immer optimal. Die Kunst des Konstrukteurs besteht deshalb darin, den Bedarf am Markt möglichst genau zu analysieren, bevor er sich auf die Größe bzw. die Abstufung eines oder mehrerer der erwähnten Parameter festlegt.

Baukästen

Im Gegensatz zur Baureihe, bei der Konstruktionen gleicher Gesamtfunktion aber unterschiedlicher Größenstufen betrachtet werden, kombiniert ein Baukasten Bauteile und Baugruppen für ein Produkt gleicher Größe zu unterschiedlichen Gesamtfunktionen. Beide Prinzipien können auch gemeinsam (in Kombination) angewendet werden. Manchmal wird aber auch der Baukasten nur dazu benutzt, aus der unterschiedlichen Anzahl immer gleicher Bauteile oder Baugruppen, Produkte unterschiedlicher Größen zu realisieren (Modulbauweise).

Die Zusammensetzung eines Baukastens erfolgt aus Bausteinen, die lösbar oder unlösbar miteinander verbunden werden können. Man unterscheidet dabei in Funktionsbausteine und Fertigungsbausteine, je nachdem welcher Aspekt der Rationalisierung für die Entwicklung des Produktes den Ausschlag gegeben hat.

Man begrenzt einen Baukasten oft durch Einschränkungen des Umfangs und der Möglichkeiten (Aufgabenstellungen/Funktionen) und definiert so ein Bauprogramm, das als Standardangebot dient (geschlossenes System). Mit diesen Systemen ist der größte Effekt in Bezug auf die Reduzierung der Herstellkosten erzielbar. Die Abb. 5.2 zeigt den Aufbau eines Baukastens am Beispiel eines Getriebes.

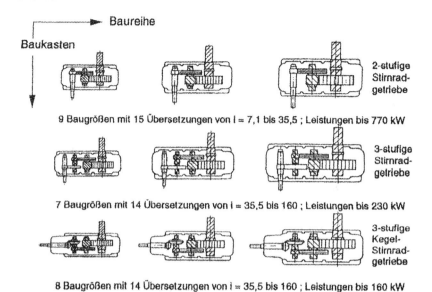

Baukasten ──► **Baureihe**

2-stufige
Stirnrad-
getriebe

9 Baugrößen mit 15 Übersetzungen von i = 7,1 bis 35,5 ; Leistungen bis 770 kW

3-stufige
Stirnrad-
getriebe

7 Baugrößen mit 14 Übersetzungen von i = 35,5 bis 160 ; Leistungen bis 230 kW

3-stufige
Kegel-
Stirnrad-
getriebe

8 Baugrößen mit 14 Übersetzungen von i = 35,5 bis 160 ; Leistungen bis 160 kW

Abb. 5.2 Kombination von Baureihe und Baukasten an einem Zahnradgetriebe. (Ehrlenspiel 2013)

Hier ist außerdem zu erkennen, wie die Sichtweise des Baukastens und die der Baureihe zusammengefügt werden können. Der betreffende Hersteller hat sich dazu entschlossen, drei unterschiedliche Leistungsstufen zu realisieren. Innerhalb der verschiedenen Leistungen sind dann die verschiedensten Funktionen (Getriebestufen, An- und Abtriebssituation) realisierbar.

Abschließend muss festgestellt werden, dass ein Baukasten nur als Gesamtsystem preiswerter sein kann als eine entsprechend hohe Zahl von speziellen Einzellösungen. Der Konstrukteur muss also frühzeitig über alle eventuell erforderlichen Bausteine des Baukastens nachdenken, damit dem Vertrieb ein vollständiges Produkt zur Verfügung steht.

Schlussbetrachtung

Wenn man die in den Kap. 1 bis 5 gemachten Ausführungen auf den kürzesten Nenner bringt, geht es bei der Konstruktionsmethodik im Prinzip um drei Aspekte:

- Übersicht dadurch zu schaffen, dass man komplexe Konstruktionen in überschaubare Teile zerlegt, um, ohne den Zusammenhang und den eigentlichen Zweck (Wesenskern) aus dem Auge zu verlieren, die Aufgabe bewältigen zu können (Systemtheorie). Grundlage dafür ist die Definition von Einzelfunktionen und die hierarchische Zuordnung zu Teilfunktionen und schließlich der Gesamtfunktion (Funktionenstruktur). Diese Gliederung lässt es zu, dass bei gleichbleibender Gesamtfunktion auf den darunter liegenden Ebenen Varianten unter verschiedenen Aspekten möglich werden.
- Den Arbeitsablauf folgerichtig und zielstrebig zu gestalten und durchzuführen. Dabei helfen die Regeln des Projektmanagements und die in Abb. 1.1 dargestellten Phasen und Arbeitsschritte beim Konstruieren.
- Geeignete Werkzeuge in Gestalt von Methoden zu finden, die bei Bedarf helfen, effizient zu optimalen Ergebnissen zu gelangen. Hierzu dient der „Methodenbaukasten" auf den im Folgenden eingegangen wird.

Zur Unterstützung des Konstrukteurs in den einzelnen Arbeitsschritten gibt es eine Vielzahl von Methoden, die im Laufe der Zeit entwickelt wurden und nicht ausschließlich aus technisch geprägten Bereichen stammen.

Da niemand alle Methoden kennen kann, sollte man sich der angebotenen Informationsquellen bedienen. Da sind zunächst die VDI-Richtlinien 2222 und 2223 zu nennen, in denen umfangreiche Darstellungen zu finden sind, die die Arbeitsschritte und die ihnen zugeordneten, am besten geeigneten Methoden, ausweisen. Eine gleichartige Übersicht befindet sich auch in dem Lehrbuch

© Springer Fachmedien Wiesbaden GmbH, ein Teil von Springer Nature 2019
P. Naefe, *Konstruktionsmethodik, essentials*,
https://doi.org/10.1007/978-3-658-24554-2_6

(Pahl und Beitz 2013). In beiden Quellen findet man auch umfangreiche Hinweise auf Literaturstellen, denen man detaillierte Erläuterungen zu Art und Anwendung der Methoden entnehmen kann. Ein weiteres Beispiel eines sogenannten Methodenbaukastens ist in Tab. 6.1 dargestellt, hier sind die einzelnen Methoden den vier Phasen des Konstruktionsprozesses zugeordnet.

Der Konstrukteur ist gehalten, sich je nach der Aufgabenstellung die für ihn und die Aufgabe angemessenen Methoden auszusuchen und dabei eine sinnvolle Auswahl zu treffen. Es gibt keine Methode, die unbedingt angewendet werden muss. Es gibt auch keine Garantie dafür, dass eine bestimmte Methode, wie ein Kochrezept angewendet, unbedingt zum Erfolg führt. Hinzu kommt, dass Methoden mit mehr oder weniger großem Aufwand an Kosten und Zeit erlernt und an die jeweilige Betriebsstruktur angepasst werden müssen.

Tab. 6.1 Beispiel für einen Methodenbaukasten. (Naefe 2018)

Methoden (Werkzeuge)	Planen	Konzipieren	Entwerfen	Ausarbeiten
Trendstudien, Marktanalyse (QFD, ABC-Analyse, Target Costing, Wertanalyse [WA], Benchmarking, Reengineering)	●	●		
Kreativitätstechniken (Brainstorming, Synektik, Mind Map)	●	●		
Iteration	○	●	●	○
Bewertungsmethoden (Nutzwertanalyse, techn./wirtsch. Vergleich [VDI-R. 2225], Dominanzmatrix)		●	●	○
Ordnungssysteme (Morphologischer Kasten, Kataloge)		●	●	
Funktionenstruktur (FAST-Diagramm, Soll-/Iststruktur)	●	●	○	
Arbeits-/Zeitplanung (Netzplan, Projektmanagement)	●	●	●	●
Datenintegration (CAD, Rapid Prototyping)		○	●	●
Baustruktur (Montagegruppen)			○	●

● besonders geeignet
○ geeignet

Tab. 6.2 Methodische Vorgehensweise in Abhängigkeit von der Konstruktionsart. (s. Naefe und Luderich 2016)

Aufgabenstellung		
Fragen zur Präzisierung der Aufgabenstellung:		
1. Was genau ist das Problem/die Aufgabe?		
2. Gibt es ein Lastenheft?		
3. Ist an der Aufgabenstellung irgendetwas unklar?		
4. Lässt sich die Gesamtaufgabe in Teilaufgaben gliedern?		
5. Wer kann mit spezifischem Know-how helfen?		
6. Mit wem kann/sollte man zusammenarbeiten?		
7. Gibt es besondere Vorgaben/Einschränkungen (Restriktionen)?		
8. Wie ist die Terminsituation?		
9. Wie hoch dürfen die Kosten werden?		
Weiteres Vorgehen je nach der erforderlichen Konstruktionsart		
1. Variantenkonstruktion	2. Anpassungskonstruktion	3. Neukonstruktion
1. Soll eine Steigerung der Leistung oder der Beanspruchung erzielt werden? 2. Geht es um eine Baureihe? 3. Wenn ja, wie groß soll der Stufensprung werden? 4. Welche Dokumente zum Produkt gibt es (Werkstattzeichnungen, CAD-Dateien, Arbeitspläne, etc.)? 5. Gibt es Werksnormen, Änderungsdienst, Sachmerkmalskataloge? 6. Checkliste der geforderten Produkteigenschaften anfertigen (vereinfachte Anforderungsliste). 7. Im Methodenbaukasten sind hauptsächlich die Phasen Planen (Aufgabe klären) und Ausarbeiten von Bedeutung	1. Was genau soll geändert werden (Gestalt, Werkstoff, Funktion, Fertigungsverfahren)? 2. Geht es um einen Baukasten? 3. Gab es schon ähnliche Aufgaben an bereits vorhandenen Produkten? 4. Team bilden mit Mitarbeitern aus Konstruktion, Einkauf und Fertigung. 5. Anforderungsliste nach Leitlinie erstellen. 6. Methodenbaukasten ab Gestaltungsphase zurate ziehen. 7. Falls nur für Teilfunktionen eine Neukonstruktion erforderlich ist, Team wie für Neukonstruktion bilden und Methodenbaukasten ab Konzeptphase zurate ziehen	1. Betrifft die Neukonstruktion das gesamte Produkt? 2. Falls ja, Team bilden mit Mitarbeitern aus Konstruktion, Einkauf, Fertigung, Marketing und Controlling. Methodenbaukasten ab Aufgabe klären zurate ziehen und alle folgenden Phasen methodisch abarbeiten. 3. Falls nur Teile des Produktes betroffen sind, nach Punkt 7. für Anpassungskonstruktion verfahren

Als kleine Hilfestellung für die Auswahl einer geeigneten Methode können die folgenden Fragen dienen:

- Was genau soll die Methode leisten?
- Wie viel Zeit und Geld steht zur Verfügung?
- Gibt es im Betrieb bereits Kenntnisse zu bestimmten Methoden oder ist Beratung/Schulung erforderlich?
- Sind die erforderlichen Hilfsmittel vorhanden?

Die Quellen, aus denen Konstruktionsaufgaben stammen können, sind sehr unterschiedlich. Aber auch der Umfang einer Aufgabe kann sehr verschieden ausfallen. Je nachdem, ob es sich um ein völlig neues technisches Erzeugnis, um eine Änderung oder Anpassung eines bereits vorhandenen Produkts oder lediglich um eine Variante (z. B. in Form oder Größe) handelt. Es ist natürlich auch unbedingt erforderlich, eine möglichst gute Kundenorientierung unter Berücksichtigung der Konkurrenzsituation zu erzielen, dabei aber das Potenzial des eigenen Betriebs (Produktionsmöglichkeiten, Know-How) nicht zu überfordern.

In der Regel ist es erforderlich, sich einer präzise und vollständig formulierten Aufgabenstellung schrittweise zu nähern. Im ersten Kontakt des Konstrukteurs mit dem Kunden und/oder dem Vertrieb des eigenen Betriebs, entstehen meistens zunächst im Einzelnen noch vage beschriebene Forderungen und Wünsche. Als schnelle Hilfe zum Einstieg in das weitere Vorgehen soll die Tab. 6.2 dienen. Die Fragestellungen im oberen Teil der Tabelle sind übrigens auch für den Einstieg in die Organisation eines Projekts geeignet. Der untere Teil soll helfen, für die unterschiedlichen Konstruktionsarten, die in der Konstruktionsmethodik definiert sind, schnell die geeignete Vorgehensweise zu bestimmen.

Was Sie aus diesem *essential* mitnehmen können

- Sie wissen nun, welche Arbeitsschritte nach der VDI-Richtlinie 2221 für das methodische Vorgehen beim Konstruieren empfohlen werden,
- wie Sie vorgehen müssen, um die Aufgabenstellung für alle Beteiligten nachvollziehbar zu definieren und zu präzisieren,
- welche Hilfe die Systemtechnik bietet, um komplexe Aufgaben in überschaubare Teilaufgaben aufzuteilen,
- wie Sie die notwendigen funktionalen Strukturen finden und gestalten können,
- wie Sie die beste Lösungsvariante herausfinden
- und welche schriftlichen Unterlagen und Zeichnungen für die Fertigung und Nutzung eines technischen Erzeugnisses erforderlich sind.

© Springer Fachmedien Wiesbaden GmbH, ein Teil von Springer Nature 2019   55
P. Naefe, *Konstruktionsmethodik*, essentials,
https://doi.org/10.1007/978-3-658-24554-2

Literatur

Conrad, K.-J. (2013). *Grundlagen der Konstruktionslehre* (4. Aufl.). München: Hanser.

Ehrlenspiel, K. (2013). *Integrierte Produktentwicklung* (5. Aufl.). München: Hanser.

Ehrlenspiel, K., Kiewert, A., & Lindemann, U. (2005). *Kostengünstig Entwickeln und Konstruieren* (5. Aufl.). Berlin: Springer.

Hansen, F. (1956). *Konstruktionssystematik*. Berlin: VEB-Verlag Technik.

Lindemann, U. (2007). *Methodische Entwicklung technischer Produkte*. Berlin: Springer.

Naefe, P. (2018). *Methodisches Konstruieren* (3. Aufl.). Wiesbaden: Springer Fachmedien.

Naefe, P., & Luderich, J. (2016). *Konstruktionsmethodik für die Praxis*. Wiesbaden: Springer Fachmedien.

Pahl, G., & Beitz, W. (1972). *Konstruktion. Zeitschriftartikel*. Düsseldorf: VDI.

Pahl, G., & Beitz, W. (2003, 2007, 2013). *Konstruktionslehre* (5., 7., 8. Aufl.). Berlin: Springer.

Rethenbacher, F. (1852). *Prinzipien der Mechanik und des Maschinenbaus*. Mannheim: Bassermann.

Roth, K. (1996). *Konstruieren mit Konstruktionskatalogen* (2. Aufl.). Berlin: Springer.

© Springer Fachmedien Wiesbaden GmbH, ein Teil von Springer Nature 2019
P. Naefe, *Konstruktionsmethodik*, essentials,
https://doi.org/10.1007/978-3-658-24554-2

LEHRBUCH

Paul Naefe
Jörg Luderich

Konstruktionsmethodik für die Praxis

Effiziente Produktentwicklung in Beispielen

Springer Vieweg

Printed in the United States
By Bookmasters